Kosmos-Handbücher für die praktische naturwissenschaftliche Arbeit

Hansgeorg Pape

Der Erzsammler

Eine Anleitung zum Sammeln und Erkennen von Erzen und ihren Mineralen

Kosmos · Gesellschaft der Naturfreunde
Franckh'sche Verlagshandlung · Stuttgart

Mit 50 Schwarzweißfotos von Hansgeorg Pape und 14 Zeichnungen von Elsbeth Pape (1), Hansgeorg Pape (5) und Hans-Hermann Kropf (8) nach Vorlagen des Verfassers sowie 23 Farbfotos von Hansgeorg Pape auf 4 Tafeln

Umschlag von Edgar Dambacher unter Verwendung eines Dias von Uwe Höch

CIP-Kurztitelaufnahme der Deutschen Bibliothek

Pape, Hansgeorg:
Der Erzsammler : e. Anleitung zum Sammeln u.
Erkennen von Erzen u. ihren Mineralen. – 1.
Aufl. – Stuttgart : Franckh, 1978.
(Kosmos-Handbücher für die praktische naturwissenschaftliche Arbeit)
ISBN 3-440-04652-4

Franckh'sche Verlagshandlung, W. Keller & Co., Stuttgart/1978

Printed in Germany / Imprimé en Allemagne / L 10WW H Ste / ISBN 3-440-04652-4
Gesamtherstellung: Konrad Triltsch, Graph. Betrieb, 8700 Würzburg

Der Erzsammler

Verzeichnis der Tabellen

Erzminerale, Mineralstufen und Edelsteine

Von jeher reizten die Mineralbildungen unserer Erdkruste zum Sammeln. Ihre ästhetischen Qualitäten, die sich auf Eigenschaften wie Glanz, Farbe, Durchsichtigkeit oder Form gründen können, sprechen uns unmittelbar an. Hinzu kommen gelegentlich besondere physikalische Phänomene, z. B. Magnetismus oder Radioaktivität. Außerdem eröffnet die Beschäftigung mit *Mineralen* einen Weg in das Reich der Chemie. Die meisten Minerale scheinen seit Urzeiten bestanden zu haben und werden sich auch in einer Sammlung unverändert halten. Durch diese Haltbarkeit und auch wegen der Seltenheit von ausgesucht schönen Stücken sind viele Mineralien besonders begehrt und wertvoll.

Wenn ich mich an die Anfänge meines Sammelns zurückerinnere, so erscheint vor mir ein großer Saal des Niedersächsischen Landesmuseums, der wohlgeordnet in Vitrinen das Mineralreich beherbergte. Fast alle Minerale waren wohl *kristallisiert;* eine Ausnahme machte das flüssige Quecksilber, das in einem Gefäß aufbewahrt wurde.

Von der Fülle und Pracht der Minerale war ich immer sehr beeindruckt, aber stets etwas erschöpft. Natürlich wollte ich auch so etwas besitzen, doch wo sollte ich in der Natur Kristalle finden. Im Winter bestand der Schnee manchmal aus schönen kristallisierten Sternen, die leider beim Einsammeln zerschmolzen. Sonst ließen sich durch Eindampfen einer Kochsalzlösung Kristalle züchten; oder ich bekam Kandiszucker geschenkt, der allerdings nicht in eine Mineraliensammlung paßt.

Ein erfahrener Mineraliensammler mag seinen Spaß haben an solcher Naivität. Er könnte uns aufklären, daß es viele bekannte Mineralfundpunkte gibt, über die in der Fachliteratur berichtet wird; außerdem besteht die Möglichkeit, Minerale zu tauschen und zu kaufen.

Damals als Kind begnügte ich mich mit *Gesteinen,* die ja aus Mineralen, wenn auch in unscheinbarer Form, aufgebaut sind. Während eines Ferienaufenthaltes im Harz bekam ich dann von einem Bergmann *derbe Erzstücke* geschenkt, die meine Phantasie lange Zeit beschäftigten (s. Farbtaf. I, Bild 6, Seite 81). Sie bestanden hauptsächlich aus drei Komponenten, von denen ich die eine, den milchig weißen, durchscheinenden Quarz, bereits aus grobkörnigen Graniten kannte. Es wurde mir erzählt, daß der Quarz ein wertloser Bestandteil des Erzes sei, der nach der Zerkleinerung der Stücke, was in früheren Zeiten in weithin hörbaren Pochwerken geschah, abgetrennt werden muß. Gewinnen wollte man vor allem das graue Mineral, das mir durch seinen starken Metallglanz auf frischen, spiegelnden und ebenen Bruchflächen auffiel. Es war Bleiglanz, aus dem in Hüttenwerken Blei und als besonders wertvoller Begleiter Silber gewonnen wird.

Das dritte Mineral in meinen Erzstücken war braun und wirkte durch seinen eigenartigen Glanz auf mich besonders geheimnisvoll. Die Kristalle besaßen Spaltflächen wie der Bleiglanz, glänzten aber weniger stark. Das Licht drang sogar etwas in das Mineral hinein. Später bekam ich heraus, daß es sich um Zinkblende handelte, die in dem überaus häufigen Typ der Blei-Zink-Erzgänge mit Bleiglanz zusammen vorkommt. In den älteren Bergbauepochen interessierte sich niemand für die Zink-

blende. Erst mit fortschreitender technischer Entwicklung war ihre Verhüttung möglich und aufgrund des Bedarfs an dem Metall auch lohnend. Damit wurde die Zinkblende zu einem wichtigen *Erzmineral;* denn darunter verstehen wir Minerale, aus denen *Metalle* oder Metallverbindungen technisch dargestellt werden können.
Aus den soeben beschriebenen Anfängen entwickelte sich bei mir eine mineralogische Sammlung, die mehr Gesteine und derbe Erze als Mineralschaustücke mit frei gewachsenen Kristallen enthält. Bei einer solchen Sammlung kommt es nicht mehr so sehr auf das Einzelmineral und dessen höchst vollkommene Erscheinung an. Und wer unter diesem Aspekt sammelt, den wird es auch nicht verdrießen, wenn er an einen Mineralfundplatz gelangt, an dem schon viele gesucht und die schönsten Stücke weggesammelt haben. Sein Hauptinteresse besteht darin, Stücke zu finden, die die gesamte Mineralgesellschaft in ihrer typischen Ausbildung, eventuell mit Variationen, enthalten.
Wer Erze sammelt, sollte das umgebende Nebengestein mitberücksichtigen. Eine solche Sammlung vermag die dynamischen Prozesse der Erzbildung lebendig werden zu lassen. Die Minerale erscheinen nicht mehr in starrer, zeitloser Pracht. Ganz im Gegenteil künden die Gefüge der Stücke vom Keimen und Geborenwerden der Minerale, qualvollen Veränderungen und Zerstörungen, unerbittlich fortschreitenden Alterungsprozessen, aber auch von strahlender Erneuerung in verwandelter Gestalt. Die Chemie, die hinter der Mineralbildung steht, gerät vor unserem geistigen Auge in Bewegung, und es laufen durchgreifende chemische Reaktionen ab. All das spielt sich im Rahmen der geologischen Entwicklung der Erde im Verlaufe der Erdgeschichte ab.
Beim Sammeln von Erzen braucht man gut kristallisierte Minerale nicht auszuschließen. In vielen Fällen läßt die Ausbildung von freien Wachstumsformen bei den Kristallen auf besondere Bildungsbedingungen schließen, etwa das Vorhandensein von Hohlräumen im Gesteinsverband. Die Kristalle sind dann von den Wänden in den mit einer nährenden Lösung oder Schmelze, seltener auch gasgefüllten Hohlraum hineingewachsen. Ein Stück, das diese Verhältnisse zeigt und möglichst etwas von dem Wandmaterial enthält sowie mehrere Kristalle besitzt, heißt *Mineralstufe.* Uns werden im folgenden vor allem die *Erzstufen* interessieren, die außer Erzmineralen auch deren Begleitminerale – sie stellen bei den gangförmigen Vererzungen die *Gangart* dar – und eventuell *Nebengestein* aufweisen. Nicht selten bilden die Minerale Kristallrasen, die sich verschiedenen Bildungsphasen zuordnen lassen, wobei eine Mineralart häufig in mehreren Generationen und abweichender Ausbildung auftreten kann.
Entsprechend der großen Zahl von Metallen und der noch größeren an Erzmineralen, hat uns die Natur eine reiche Mannigfaltigkeit an Erzen beschert. Unter Erzen verstehen wir also Gesteine oder Mineralaggregate, deren Metallgehalt wertvoll ist. Wir werden unser Interesse aber auch allgemein auf *mineralische Rohstoffe* ausdehnen, die in ihrer ursprünglichen oder veränderten Form technische Verwendung finden oder bei denen gerade der Gehalt eines Nichtmetalles wesentlich sein kann. Die Gesetzmäßigkeiten der Entstehung stimmen zwischen Erzen und anderen mineralischen Rohstoffen weitgehend überein; ebenso erfolgt ihre bergmännische Gewinnung in ähnlicher Weise.
Wenn wir von den bislang angesprochenen Massenprodukten absehen, liegt auch

eine Beschäftigung mit *Schmuck-* und *Edelsteinen* nahe. (Die soeben getroffene Unterscheidung gründet sich auf die Eigenschaft der Ritzhärte, die bei Edelsteinen über der des Quarzes liegen muß.) Wie bei den Erzen handelt es sich um besondere Mineralbildungen bzw. -anreicherungen, die nur entstehen, wenn bestimmte geologische und geochemische Voraussetzungen gegeben sind. Es werden uns also immer wieder gerade die Fragen der Entstehungsbedingungen bewegen.
Das Sammeln von Erzen wird uns oft mit dem *Bergbau* in Berührung bringen, denn meist gelangen wir erst durch die Tätigkeit des Bergmannes zu den Stücken. In Abbau stehen die Mineralvorkommen, die eine wirtschaftliche Gewinnung eines Bestandteiles erlauben. Diese Mineralvorkommen werden als *Lagerstätten* bezeichnet. Eine Erzsammlung kann demnach auch eine lagerstättenkundliche Sammlung sein. Die Untersuchungen, die an den Erzproben aus einer Lagerstätte vorgenommen werden können, dienen nicht nur zum besseren Verständnis ihrer Herkunftslokalität, sondern ebenso der Erkundung neuer Erzkörper. So liefern die in einer Sammlung zusammengetragenen Erzstücke ein hervorragendes Anschauungsmaterial, das einem breiteren Personenkreis zugänglich gemacht werden sollte. Seit alters wurden Lagerstätten unter anderem durch aufmerksame Menschen entdeckt, die zufällig einzelne Brocken fanden, deren Aussehen von dem der verbreiteten Gesteine abwich. Aus diesem Grunde werden in verschiedenen Ländern Erzkollektionen öffentlich ausgestellt, damit die Kenntnis der Erze, wenigstens als grobe Vorstellungen, eine weitere Verbreitung findet.

Geochemische Voraussetzungen zur Bildung von Mineralisationen, die aus dem Rahmen der gewöhnlichen Gesteine fallen

Lagerstätten von Erzen, mineralischen Rohstoffen oder Schmuck- bzw. Edelsteinen sind etwas Ausgefallenes und mehr oder weniger Seltenes unter den geologischen Bildungen. Als Normalfall sind „taube“ Gesteinskörper anzusehen, gebildet aus einer leicht überschaubaren Menge von Mineralen, deren chemische Zusammensetzung sich mit nur 9 Elementen, nämlich O, Si, Al, Fe, Ca, Na, K, Mg und H, beschreiben läßt. Die übrigen Elemente treten meist nicht weiter in Erscheinung. Wenn sie eigene Minerale bilden, stellen diese nur untergeordnete Beimengungen dar. Ganz fehlen sie aber in keinem Gestein; sie treten zumindest als *Spuren* in die gewöhnlichen Minerale ein. Die Vielfalt der gesteinsbildenden Vorgänge bietet aber dennoch immer wieder die Möglichkeit, daß sich bestimmte Elemente oder deren Minerale überdurchschnittlich *anreichern.* So kommt es zu Vererzungen, die in kleinen Dimensionen im normalen Gesteinsverband sogar häufig und regelmäßig anzutreffen sind. Das Ausmaß von Lagerstätten erreichen sie allerdings seltener. Für den Erzsammler und Lagerstättenforscher sind jedoch die kleineren Erzkörper

ebenso von Interesse, da sie die prinzipiellen Verhältnisse zeigen können und oft hervorragendes Probenmaterial liefern.
Bei der Beschäftigung mit den Erzen werden wir also vornehmlich auf die *Verknüpfung von Gesteinskörpern mit Erzanreicherungen* achten. Wir werden dabei sehen, daß bestimmte Gesteinsgruppen mit dazugehörigen Erztypen verbunden sind. Bereits aus der geochemischen Untersuchung der Spurenelementgehalte in Gesteinen geht hervor, daß in den einzelnen Gesteinsfamilien eine allgemeine Konzentrierung gewisser Elemente erfolgt, die im Extremfall zur Ausbildung von Erzen führt. Als Beispiele mögen Ni und Li dienen, die in der magmatischen Entwicklung gegensätzliches Verhalten zeigen.

Tabelle 1: Durchschnittsgehalte (in ppm) von Ni und Li in magmatischen Gesteinen (nach VINOGRADOV 1962).

	Ni	Li
basische Gesteine mit gabbroider Zusammensetzung	160	15
saure Gesteine mit granitischer Zusammensetzung	8	40

Die Konzentrationen werden zweckmäßigerweise in ppm = 1 : 1 000 000 angegeben. 1% ist 10 000 ppm. Wie aus Tabelle 1 hervorgeht, wird Nickel in den Gesteinen der Gabbrofamilie angereichert, wogegen seine Gehalte in granitischen Gesteinen viel niedriger liegen. Entsprechend treten die wichtigsten Nickelvererzungen im Gefolge von gabbroiden Gesteinskomplexen auf. Umgekehrt liegen die Verhältnisse beim Lithium, das nur in äußerst geringem Maße in die basischen (kieselsäurearmen) magmatischen Gesteine eingebaut wird. In den Graniten ist schon mehr Li vorhanden, so daß es nicht verwundert, wenn dieses Element bei der Auskristallisation der granitischen Restschmelzen im pegmatitischen Stadium Erze bildet.
Wir werden später sehen, wo die verschiedenen Erztypen im Gesteinsreich zu Hause sind. Wie bei den Gesteinen lassen sich *magmatische* Bildungen, die aus einer Schmelze entstanden sind, von Produkten des *sedimentären* Bildungsraumes unterscheiden. Zu letzteren gehören Verwitterungsrückstände sowie marine und festländische Ablagerungen. Eine dritte Kategorie bilden die *metamorphen* Erze und Gesteine, die in ihrer Erscheinung durch die Einwirkung von hohen Temperaturen oder Drücken geprägt wurden, sich im übrigen aber auf eine der beiden anderen Gruppen zurückführen lassen.
Die Anreicherungsvorgänge, die das Wesen der Lagerstättenbildung ausmachen, verlaufen nach allgemeinen chemischen und physikalischen Prinzipien, die für den magmatischen, sedimentären und metamorphen Bildungsbereich gleichermaßen gelten. Besonders hervorzuheben ist die Rolle, die dabei *mobile Phasen* spielen – unter einer chemischen Phase versteht man die einheitliche, feste, flüssige oder gasförmige Zustandsform eines Stoffes –; bei den mobilen Phasen handelt es sich um Silikat- oder, in Ausnahmefällen, Sulfidschmelzen, wäßrige Lösungen, überkriti-

sche, H_2O-reiche Gase oder zirkulierende Luft. Diese flüssigen oder gasförmigen Medien ermöglichen insbesondere *Transportvorgänge,* bei denen einzelne chemische Komponenten in Lösung fortgeführt werden, um an anderer Stelle im Gestein als Erz zur Ausscheidung zu gelangen.

Außerdem sorgen bewegtes Wasser und Wind rein *mechanisch* für die Anreicherung von widerstandsfähigen und spezifisch schweren Mineralarten, indem alles andere Material zerkleinert, gelöst und wegtransportiert wird. Auf diese Weise entstehen die Seifenlagerstätten von Edelmetallen, Schwermineralen und Edelsteinen. Sogar in den nicht allzu zähflüssigen Silikatschmelzen der gabbroiden Gesteine findet etwas ähnliches statt. Hier saigern während der Kristallisation die schweren Oxidminerale der Elemente Chrom, Eisen und Titan ab und bilden einen Bodensatz, während die leichteren Silikate vom strömenden Magma noch in Suspension gehalten werden.

Von großem Interesse ist zu wissen, wann ein gelöster Bestandteil *ausgeschieden* werden kann: Dazu ist eine *Änderung der Temperatur, des Druckes oder der chemischen Zusammensetzung* der fluiden Phase nötig.

Die letztgenannte Bedingung wird z. B. beim Eindampfen von Meerwasser erfüllt. In anderen Fällen wird die Lösung saurer oder alkalischer; das ist gleichbedeutend mit einer Änderung der H^+-Ionen- und OH^--Ionenkonzentration. Häufig ist die Zu- oder Abnahme der oxidierenden Wirkung, für die der Sauerstoffpartialdruck ein Maß ist, wesentlich für die Ausscheidung einer festen Mineralphase. Schließlich kann die Ausfällung auf der Zufuhr eines geeigneten Reaktionspartners beruhen, der mit einer chemischen Komponente der mobilen Phase eine schwer lösliche Verbindung zu bilden vermag. Während im wäßrigen Milieu die verschiedensten chemischen Einflüsse in komplizierter Weise zusammenwirken, läßt sich doch im magmatischen Bereich die Abkühlung als übergeordneter und steuernder Faktor betrachten.

Für die Anreicherung einer bestimmten Mineralart, die im wesentlichen ein Erz oder einen mineralischen Rohstoff aufbauen soll, ist es günstig, wenn als Erz-Phase während des gesamten Kristallisations- oder Ausscheidungsverlaufes fast ausschließlich dieses Mineral allein gebildet wird. Damit es nicht später wieder aufgelöst oder mit anderen Stoffen vermengt und abgereichert wird, muß es vor allem möglichst bald aus dem weiteren Geschehen abgesondert werden. Das kann z. B. durch Ablagerung am Boden des Bildungsraumes und anschließende Konservierung durch Deckschichten erfolgen. Oder das Erz bildet unter anderen Verhältnissen zusammen mit seiner Gangart eine kompakte Gangausfüllung. Die Abtrennung von bereits ausgeschiedenen Erzen und Gesteinen während des gesamten Kristallisationsvorganges beeinflußt dessen Verlauf ganz entscheidend. Er erfolgt dann nach dem Prinzip der *fraktionierten Kristallisation,* wodurch die geochemische Anreicherung von Mineralen möglich wird. Auch die Abtrennung einer mobilen fluiden Phase, etwa einer Restschmelze, vom bereits auskristallierten Material bewirkt eine chemische Fraktionierung, durch die Elemente für eine nachfolgende Erzbildung angereichert werden.

Erze und wertvolle Minerale der gabbroiden Gesteine

Das Schicksal der an der Lagerstättenbildung beteiligten Elemente erfüllt sich in einem fortwährenden Wandel fast ausschließlich im Bereich der kontinentalen Erdkruste, deren Oberfläche und in den Gewässern. Gewissermaßen „jungfräuliche" Metallgehalte, die aus tieferen Erdsphären, nämlich dem *Oberen Erdmantel* stammen, gelangen dann in den geochemischen Kreislauf, wenn auf tiefreichenden Spalten Silikatschmelzen mit gabbroider Zusammensetzung aufdringen. Bei ihrer vollständigen Auskristallisation innerhalb der Erdkruste ergeben sie Gabbrogestein; wenn sie bis zur Erdoberfläche vordringen, erstarren sie zu dem entsprechenden Ergußgestein Basalt. Besonders bei der langsam verlaufenden Tiefengesteinsentwicklung kann sich der Mechanismus der fraktionierten Kristallisation voll entfalten. Er bringt eine Reihe von besonderen Gesteinsdifferentiaten hervor, die aus Mineralfraktionen der *Frühkristallisation* bestehen.
Zu diesen Abkömmlingen gabbroider Schmelzen gehören Peridotit, Dunit, Pyroxenit und Anorthosit, deren mineralische Hauptkomponenten ebenso wie die von weniger stark differenzierten Angehörigen der Gabbrofamilie aus Tabelle 2 (Seite 12) hervorgehen. Die Erkennungsmerkmale der wichtigsten gesteinsbildenden Einzelminerale, die hier auftreten und die uns noch als Begleitminerale in den Erzen interessieren sollen, werden in Tabelle 3 (Seite 12) genannt. Es sei kurz bemerkt, daß nicht alle Gabbros aus ursprünglichen, vom Erdmantel gelieferten Schmelzen gebildet sein müssen; denn die Kristallisationsdifferentiation vermag in geringerem Umfang auch aus den kieselsäurereicheren, granitischen Schmelzen, die innerhalb der Erdkruste regeneriert werden, Gabbromaterial als Frühausscheidung abzuspalten.
Viele basische Gesteine und vor allem die besonders kieselsäurearmen Glieder der Gabbrofamilie, wie z. B. Peridotite, Dunite und Pyroxenite, die mit einem SiO_2-Gehalt unter 45% als Ultrabasite bezeichnet werden, enthalten häufig auffallende Gehalte an Erzmineralen (Tab. 4, S. 14). Darüber hinaus führt die Erzanreicherung im Stadium der Frühkristallisation oder während des weiteren Verlaufs der Differentiation bis zur Bildung reiner Erze (Tab. 2), die hinsichtlich ihrer *liquidmagmatischen* Entstehung zu einer Gruppe zusammengefaßt werden.
Als erzbildende Elemente treten gerade solche hervor, die, wie Nickel, in basischen Gesteinen höhere Gehalte besitzen als in Graniten. Für die Lagerstättenbildung sind außer Nickel, Chrom, den Platinmetallen und Eisen auch Titan, Vanadium und Kupfer von Bedeutung.

Tabelle 2: Primäre Mineralzusammensetzung von Gesteinen und Erzen der Gabbrofamilie. – Die ursprünglich gebildeten Minerale sind häufig sekundär umgewandelt. Insbesondere ist selten frischer Olivin zu finden, dagegen aber sein Umwandlungsprodukt Serpentin.

Gabbro: *Plagioklas* und *Pyroxen,* im Olivingabbro zusätzlich *Olivin.*
Norit: Mineralbestand wie beim Gabbro, mit der Besonderheit, daß innerhalb der Pyroxenkomponente *rhombischer Pyroxen* einen wesentlichen Anteil bildet.

Dunit: Monomineralisches Differentiat aus *Olivin.*
Pyroxenit: Monomineralisches Differentiat aus *Pyroxen.*
Anorthosit: Monomineralisches Differentiat aus *Plagioklas.*
Peridotit: *Olivin* und *Pyroxen.*
Troktolith oder Forellenstein: *Olivin* und *Plagioklas.*
Chromerz: Erzmineral ist *Chromit.* Anstelle der ursprünglichen Begleitminerale *Olivin* oder *Pyroxen,* eventuell auch Plagioklas, liegen meist Umwandlungsprodukte vor, und zwar Serpentin, Talk, Chlorit, Magnesit, Brucit, Kieselsäure oder Tremolit.
Dunitisches oder pyroxenitisches Erz der Platinmetalle: Aus der Vielzahl der hier auftretenden Minerale mit hohen Platinmetallgehalten geben wir als wichtigste Vertreter *Gediegen Platin* und *Sperrylith* an. Die Gesteinsmatrix ergibt einen Dunit, Pyroxenit oder Peridotit.
Sulfidische Nickelerze: Primäres Nickelmineral ist *Pentlandit,* der mit *Magnetkies* zusammen vorkommt. Da auch immer *Kupferkies* dabei ist, handelt es sich gleichzeitig um Kupfererze. In den Sulfiden können auch Platinmetalle angereichert sein. Begleitet werden die Sulfidminerale von den Silikaten der Gabbros bzw. Norite.
Eisen-Titanerze in Gabbros, Noriten und Anorthositen: Die wesentlichen Erzminerale sind *Ilmenit* und *Magnetit.* Wertmäßig sind meist die Titangehalte entscheidend. Dann liegt ein Titanerz vor. Aber es gehören auch Eisenerze in diese Gruppe. In den Eisenoxidmineralen kann Vanadium zu wirtschaftlich bedeutenden Konzentrationen angereichert sein. Als eigenständiges Vanadiummineral tritt eventuell der Vanadiummagnetit Coulsonit, FeV_2O_4, auf. Die Ilmeniterze führen häufig geringe Mengen an Nickel- und Kupfersulfiden, die den Wert erhöhen.
Silikatische Hauptkomponenten sind *Plagioklas* und *Pyroxen.*
Kennzeichnend für den wichtigsten magmatischen Titanerztyp sind rhombische Pyroxene.

Tabelle 3: Gesteinsbildende Minerale der basischen und ultrabasischen Gesteine, gleichzeitig Begleitminerale der verwandten Erze.

Plagioklas, $(Ca,Na)[(Al,Si)_4O_8]$: Gehört in die Gruppe der Feldspäte; *hell,* glasklar oder trüb, eventuell rötlich, gelblich oder grünlich gefärbt; zeigt auf frischem Bruch ebene, spiegelnde *Spaltflächen,* die meist eine feine Streifung erkennen lassen; *hart,* d. h. nicht mit dem Messer ritzbar. Die Plagioklase in den Gesteinen der Gabbrofamilie sind Ca-reich.
Monokliner Pyroxen, Augit, $Ca(Mg,Fe)[Si_2O_6]$: *Schwarz,* bräunlichschwarz oder grün mit Glasglanz; die Spaltbarkeit ist wechselnd deutlich; *hart;* die Kristalle sind normalerweise gedrungen oder *körnig.*
Rhombischer Pyroxen, $(Mg,Fe)_2[Si_2O_6]$: *Bronzefarben,* braun, kupferrot, grünlich oder *schwarz;* glasglänzend, oft *metallisierend;* deutliche Spaltbarkeit; *hart,* aber eventuell faserig teilbar; tritt in Körnern, *spätigen* oder strahligen *Aggregaten* sowie häufig in langsäuligen *längsgestreiften Kristallen* auf.
Olivin, $(Mg,Fe)_2SiO_4$: *Grün* bis *grünschwarz;* fettglänzend; *muscheliger Bruch; hart.*

Die folgenden Minerale sind meist durch Umwandlung aus Olivin hervorgegangen.
Serpentin, $Mg_6[(OH)_8 \mid Si_4O_{10}]$: Farblos, *gelblich* bis *schwärzlichgrün;* mit dem Mes-

ser ritzbar, falls das Material nicht verkieselt ist; dicht mit muscheligem Bruch; *seidenglänzende Fasern* oder blättrig, schuppig und dann matt.
Talk, $Mg_3[(OH)_2 \mid Si_4O_{10}]$: *Weiß,* gelblich oder grünlich; *sehr weich,* mit dem Fingernagel ritzbar; *fühlt sich fettig an;* dicht oder blättrig, schuppig.
Chlorit, $Mg_3(OH)_6(Mg,Fe)_3[(OH)_2 \mid AlSi_3O_{10}]$: *Grün; weich,* mit dem Messer leicht ritzbar; feinschuppig oder unelastisch biegsame Blättchen.
Magnesit, $MgCO_3$: *Weiß,* gelblich oder durch Fremdsubstanzen dunkel gefärbt; vollkommene Spaltbarkeit bei Kristallen; mit dem Messer *ritzbar;* dicht, körnig oder spätig; *braust mit konzentrierter oder erwärmter verdünnter Salzsäure.*
Brucit, $Mg(OH)_2$: *Farblos,* graubläulich, grünlich oder bräunlich; *weich,* mit dem Messer leicht ritzbar; *fühlt sich wie Talk fettig an;* meist derb.
Ein Umwandlungsmineral des Pyroxens ist die Hornblende Tremolit.
Tremolit, $Ca_2Mg_5[(OH,F) \mid Si_4O_{11}]_2$: *Grau* bis *lichtgrün;* mit dem Messer nicht ritzbar; *faserig.*

Tabelle 4: Erzminerale der liquidmagmatisch gebildeten Erze.

Chromit, $(Mg,Fe)(Cr,Al,Fe)_2O_4$: *Schwarz;* grauer Metallglanz; *brauner Strich* auf einer unglasierten Porzellanplatte; hart, d. h. schwer oder nicht mit dem Messer ritzbar; häufig sind oktaedrische Einzelkristalle ausgebildet (Abb. 26, Seite 53).
Magnetit, Fe_3O_4: *Schwarz;* grauer Metallglanz; *schwarzer Strich;* hart; *magnetisch.*
Hämatit, Fe_2O_3: *Schwarz;* grauer Metallglanz; *roter Strich;* hart; körnig oder als Entmischungskörper im Ilmenit.
Ilmenit, $FeTiO_3$: *Schwarz;* grauer Metallglanz; schwarzer Strich; hart.
Gediegen Platin, Pt: Mineralfarbe *silberweiß* bis grau; es wird ein ebensolcher, *glänzender Strich* erhalten; das Mineral ist sehr geschmeidig, *hämmerbar* und mit einem Stahlnagel *ritzbar.*
Sperrylith, $PtAs_2$: *Zinnweiß,* mit starkem metallischem Glanz und niemals angelaufen; *Strichfarbe schwarz;* mit dem Stahlnagel *nicht ritzbar; spröd.*
Magnetkies, FeS: *Bronzegelb, ins Braune neigend;* metallisch glänzend; mit *grauschwarzem Strich;* mit dem Messer oder Stahlnagel *ritzbar,* muschelig unebener Bruch; *magnetisch.*
Pyrit, FeS_2: *Lichtmessinggelb;* oft goldgelb, braun oder bunt angelaufen; metallisch glänzend; *Strich grünlichschwarz* oder bräunlichschwarz; mit dem Stahlnagel *nicht ritzbar;* Bruch muschelig; derb oder isodiametrische Kristalle von kubischer Symmetrie. Das Mineral bildet sich in stärker oxidierendem Milieu als Magnetkies und kann aus diesem hervorgehen.
Kupferkies, $CuFeS_2$: *Messinggelb* mit Stich ins Grünliche, eventuell durch bunte bis schwarze Anlauffarben verdeckt; metallisch glänzend; *Strich grünlichschwarz* oder schwarz; mit dem Stahlnagel *ritzbar.*
Pentlandit, $(Ni,Fe)_9S_8$: *Bronzegelb ins Cremefarbene; unmagnetisch;* kommt meist in Verwachsung mit Magnetkies vor.

Weitere Nickelminerale, die in basischen und ultrabasischen Gesteinsprovinzen auftreten, aber bei niedriger Temperatur gebildet wurden, sind im Zusammenhang mit den hydrothermalen Erzgängen bzw. den Nickelverwitterungslagerstätten aufgeführt.

In den kieselsäurearmen Silikatschmelzen, mit denen wir es im Stadium der Frühkristallisation zu tun haben, beginnt die Kristallisation bei sehr hohen Temperaturen, d. h. bei weit über 1000 °C. Da die Magmen aus der Zone des oberen Erdmantels und der untersten Kruste kommen, herrschten wenigstens zu Beginn der Entwicklung zusätzlich sehr hohe Drücke. Unter diesen für magmatische Verhältnisse extremsten Bedingungen konnten sich zwei Minerale aus der Gruppe der Schmuck- und Edelsteine bilden, nämlich Diamant und der magnesiumreiche Granat Pyrop.

Diamant, eine Modifikation von Kohlenstoff, ist als Edelstein klar farblos oder blaß gelblich, bläulich, grünlich oder rötlich gefärbt und besitzt einen starken nichtmetallischen Glanz; sehr selten und besonders wertvoll sind Kristalle mit tiefen schönen Farben. Sonst ist das Mineral trüb bis undurchsichtig, milchigweiß, grau oder schwarz. In der Mohsschen Skala ist Diamant als Standard für die höchste *Ritzhärte 10* eingesetzt. Aufgrund seiner enormen Härte wird er als Werkstoff benutzt. Die Förderung von sogenanntem Industriediamant übersteigt bei weitem die der Schmuckdiamanten. Außer Einzelkristallen kommen körnige bis dichte, radialfaserige oder konzentrisch schalige Aggregate vor.

Das primäre Muttergestein, aus dem Diamanten gewonnen werden, der **Kimberlit,** füllt vulkanische Schlote aus, die in Südafrika besonders zahlreich sind. Seine Zusammensetzung ist peridotitisch mit folgenden Mineralen: **Olivin,** dessen Zersetzungsprodukten sowie magnesiumreichem **Biotit,** $KMg_3[(F,OH)_2 | AlSi_3O_{10}]$ (braun, perlmutterartig metallisierend, mit dem Stahlnagel ritzbar, Schuppchen oder Plättchen, die sich aufblättern und elastisch verbiegen lassen), **Calcit,** $CaCO_3$ (meist farblos, mit dem Stahlnagel ritzbar, Spaltbarkeit vollkommen, braust mit kalter verdünnter Salzsäure), **Pyroxen** und **Pyrop.**

Der **Pyrop,** $Mg_3Al_2[SiO_4]_3$, gehört in die Mineralgruppe der Granate, in der sonst wohl ausgebildete Kristalle mit regelmäßigen, flächenreichen Formen aus dem kubischen Kristallsystem die Regel sind; er selbst tritt jedoch nur in Gestalt rundlicher Körner ohne gute Wachstumsflächen auf. Charakteristisch ist seine *gelblichrote* Farbe. Wie die anderen Granate zeigt er *muscheligen Bruch* und ist mit dem Messer *nicht ritzbar.*

Daß in den ultrabasischen, d. h. in den bei den höchsten Temperaturen gebildeten magmatischen Gesteinen, gerade Pyrop als besonders magnesiumreiches Endglied seiner Gruppe vorkommt, entspricht einer geochemischen Regelmäßigkeit, die analog auch für Olivine, Pyroxene und Chromite gilt. Mit sinkender Temperatur während der Kristallisationsdifferentiation werden allmählich immer magnesiumärmere Varietäten gebildet, die dafür einen höheren Eisengehalt besitzen. Pyrop tritt nicht nur beigemengt, eventuell neben Diamant, in Peridotiten auf, sondern kann auch als dominierender Bestandteil in Pyropgesteinen angereichert sein, z. B. im **Griquait,** der als zweite Hauptkomponente Pyroxen enthält. Als Schmucksteine laufen Pyrope auch unter dem Namen „Böhmische Granate“ und „Kaprubine“.

Sammeln im Tagebau und an natürlichen Aufschlüssen

Während der Gesteinssammler stets in seiner unmittelbaren Umgebung Gelegenheit zur Betätigung findet, ist zum Sammeln von Erzen meist eine längere Anreise nötig, vor allem dann, wenn wir uns auf Lagerstätten beschränken. Die **Chromiterze** würden uns in die Türkei locken. Auf einer solchen „Chromitreise" könnten wir mit dem Serpentingebiet von *Kraubath* in der Steiermark beginnen. Die Zahl der Chromitvorkommen nimmt zu, wenn wir in die Balkanländer gelangen. In der Türkei liegen mehrere wichtige Lagerstättenprovinzen, und zwar bei *Fethiye* in SW-, bei *Dagardi* in NW-Anatolien sowie der Erzbezirk von *Guleman* im kurdisch-armenischen Taurus im SO. Wenn wir die Reise nach Persien hinein fortsetzen, finden wir auch dort Chromerze. Mit dieser Aufzählung soll nicht der Eindruck erweckt werden, daß es woanders keine Chromitlagerstätten gäbe; es wird lediglich auf eine Region hingewiesen, die an ihnen besonders reich ist.
Die Gruppe der **Eisen-Titanerze** wird uns nach Skandinavien führen. Bei Hauge in SW-Norwegen steht die Ilmenitlagerstätte *Tellnes* im Abbau. Sie gehört zu einem gewaltigen Anorthositkomplex. Das Gebiet enthält zahllose weitere Vererzungen, die meist unbedeutend sind, zum Teil aber in früheren Zeiten abgebaut wurden. Nicht nur als Eisenerzkörper, sondern auch als Naturphänomen berühmt ist in Schweden *Smaalands-Taberg,* der mit seiner hoch aufragenden schwarzen Wand beinahe fürchten macht. Er besteht aus Titanomagnetit (ilmenitreichem Magnetit), der sich durch erhöhten Vanadiumgehalt auszeichnet.
Wenn wir uns schließlich den berühmten Platin- und Diamantvorkommen in Südafrika oder der größten **Nickellagerstätte** der Erde, nämlich *Sudbury* in Kanada (Provinz Ontario), zuwenden wollten, müßten wir Weltreisen unternehmen.
Bei den sulfidischen Nickel- und Kupfererzen mit Magnetkies ergibt sich aber auch eine andere Möglichkeit. Da dieser Erztyp an Gabbros und Norite geknüpft ist, sollten wir diese Gesteine in unserer Heimat näher unter die Lupe nehmen. Für eine Suche nach Vererzungsspuren bietet sich zum Beispiel das *Harzburger Gabbromassiv* im Harz an. Sie erfolgt in *Aufschlüssen,* das sind Stellen, an denen das Gestein von Natur aus, etwa als Klippen, oder infolge der Tätigkeit des Menschen, z. B. in Steinbrüchen oder an gesprengten Wegböschungen, zutage tritt. Die Aussicht, Magnetkiesschlieren und -nester zu finden, besteht am ehesten im Bereich des großen Gabbrosteinbruchs am Bärenstein und zugleich an der Straße zwischen Bad Harzburg und Torfhaus.
Natürlich wird alle diejenigen, die mit dem Erzsammeln beginnen wollen, vor allem interessieren, was sie dazu an Ausrüstungsgegenständen benötigen und wie sie im einzelnen vorgehen sollen. Grundsätzlich gilt hier dasselbe wie für das Sammeln von Gesteinen. Wichtigstes Werkzeug ist ein *Geologenhammer.* Wir schlagen mit ihm des öfteren frische Bruchflächen, um darauf die Minerale und Gefüge besser zu erkennen. Vor allem aber dient er dazu, das Rohmaterial zu Handstücken zu formatisieren, die in der Form eines rechteckigen Kissens mit allseits frischen Flächen gerade in ein Sammlungsschächtelchen 9 cm × 12 cm hineinpassen sollen.
Der ästhetische Reiz einer Sammlung derber Erze wird durch eine fachgerechte Be-

arbeitung entschieden gefördert. Dagegen wäre es schade, Mineralstufen in das Handstückformat zu zwingen. Wir werden uns bei ihnen darauf beschränken, unwesentliche und störende Partien zu entfernen, wenn das ohne allzu große Gefährdung des schönsten Teils möglich ist.

Falls sich das Problem ergibt, eine bestimmte Probe aus dem anstehenden Gestein zu lösen, benutzen wir am besten einen kräftigen *Spitzmeißel* und einen *1-kg-Fäustel.* Soweit das möglich ist, setzen wir den Meißel an vorhandenen Sprüngen und Klüften im Erz oder Gestein an. Größere, bereits gelockerte, aber noch im Verband sitzende Stücke lassen sich meist am besten mit einer *Brechstange* heraushebeln. Schließlich werden *5-kg-Trennhämmer* mit einer längs verlaufenden Schneide und langem Stiel mit Vorteil eingesetzt, wenn es darum geht, große Brocken zu zerlegen. Bei diesen Arbeiten sollten wir uns mit einer *Schutzbrille* gegen Augenverletzungen durch Gesteins- und Stahlsplitter schützen. An steilen Wänden haben wir einen *Schutzhelm* zu tragen, wie es in Steinbruch- und Grubenbetrieben vorgeschrieben ist.

Ein anderer wichtiger Punkt ist das *Verpacken* und *Beschriften* der eingesammelten Proben. Zu den Exkursionen sind in nicht zu knapper Menge Zeitungspapier, Tüten, Beutel und dergleichen als Verpackungsmaterial, Kreppklebestreifen zum Umwickeln sowie Kugelschreiber oder noch besser breite Filzstifte für die vorläufige Beschriftung mitzunehmen.

Jede Probe muß unmißverständlich gekennzeichnet und ihr *Herkunftsort* bekannt sein. Später wird sie eine mit ihr fest verbundene Sammlungsnummer und ein Etikett mit derselben Nummer erhalten. Auf dem Etikett sind die Lokalität in allen Einzelheiten, die Ergebnisse der mineralogischen Bestimmung und eventuell Finder, Sammler und Datum der Probenahme vermerkt.

Da beim Handstückschlagen viele Stücke zu Bruch gehen, hat es keinen Sinn, sich diese Arbeit für später vorzunehmen; es fehlen einem dann die Ersatzstücke. Alle festen und unlöslichen Proben waschen wir und lassen sie an der Luft trocknen. Damit sind sie bereits fertige Sammlungsobjekte. Darüber hinaus können sie in Einzelfällen weiterbearbeitet werden. Mit einer Diamantsäge gesägte Scheiben, die auf einer Fläche mit zunehmend feiner gekörnten Schleifmitteln geschliffen und poliert werden, verwandeln sich in wunderbare Schaustücke, besonders wenn sie farbige oder metallisch glänzende Erzminerale enthalten oder auffällige Gefüge aufweisen. Für die wissenschaftliche Erzdiagnostik haben spezielle, wenige Quadratzentimeter große Anschliffe, die mit dem Auflichtmikroskop untersucht werden, sehr große Bedeutung.

Aus den bisherigen Bemerkungen geht hervor, daß sich das praktische Sammeln von Erzen kaum von dem der Gesteine unterscheidet, obwohl die ersteren als Naturobjekt an sich viele bemerkenswerte Besonderheiten bieten. In beiden Fällen ist es von Nutzen, sich anhand einer geologischen Karte zu orientieren. Wie wichtig für Lagerstättenkunde und Bergbau eine genaue Kenntnis der Verbandsverhältnisse von Erz- und Gesteinskörpern ist, geht daraus hervor, daß gefundene Lagerstätten meist eine besonders intensive Detailkartierung ihrer Umgebung auslösen. Zur Beschreibung von Fundorten reichen topographische Karten und Grubenpläne aus. Ebenso wie der Gesteinssammler werden wir hauptsächlich über Tage suchen, da einmal viele Lagerstätten durch *Tagebaue* ausgeerzt werden, die sich ganz mit

Steinbrüchen vergleichen lassen, und wir außerdem ein reiches Betätigungsfeld an natürlichen Aufschlüssen mit Pingen (meist runde Bodenvertiefungen, die von bergmännischen Sucharbeiten herrühren) und Schurfgräben finden, ganz abgesehen von den Halden der Tiefbaue.
Die Chromerze, Eisen-, Titan- und sulfidischen Nickel-Kupfererze der Frühkristallisation sind in der Regel nur in Erzkörpern abbauwürdig, die so groß sind, daß sich die Anlage eines Tagebaues anbietet. Aus den erwähnten genetischen Verhältnissen der liquidmagmatischen Erze, nach denen sie so etwas wie den Bodensatz in den Magmenkammern darstellen, ergibt sich, daß die Erzkörper angenähert plattige Gebilde darstellen. Auch die basischen und ultrabasischen Gesteinsvarietäten bilden bankige Massen, die zusammen mit den Erzen in typischen Fällen eine rhythmische Periodizität aufweisen, wobei sich in den einzelnen *Bänken* der große Aufbau mit Erz und peridotitischen Gesteinen im Liegenden und helleren feldspatreichen Partien im Hangenden wiederholt. Im ganzen besitzt der Verband große Ähnlichkeit mit sedimentären Schichtfolgen.
Da fast immer durch spätere gebirgsbildende Vorgänge eine tektonische Verstellung und Verbiegung erfolgte, treten die Erzkörper auch bei ursprünglich mehr horizontaler Lagerung meist mit schrägem oder senkrechtem Einfallen an die Erdoberfläche und streichen als ein schmaler langgestreckter Erzausbiß aus. Dieser bestimmt die ungefähre Umrißform des auf ihm eingerichteten Tagebaues (Abb. 1). Bis zu einer gewissen Höhe der seitlichen Abbauwände kann sich die Grube ohne Absatz in den Boden einschneiden. Wenn darüber hinaus dem Erzkörper in die Tiefe nachgefahren werden soll, müssen aus Sicherheitsgründen Stufen angelegt werden, die bergmännisch Strossen heißen. Auf diese Weise verengt sich die Grube zur Teufe hin immer mehr, und durch die geometrischen Verhältnisse wird eine endgültige Größe des Tagebaues festgelegt. Sie kann nur dadurch erweitert werden,

Abb. 1 (Seite 18/19). Abbau eines mächtigen Erzkörpers im Tagebau und Tiefbau.

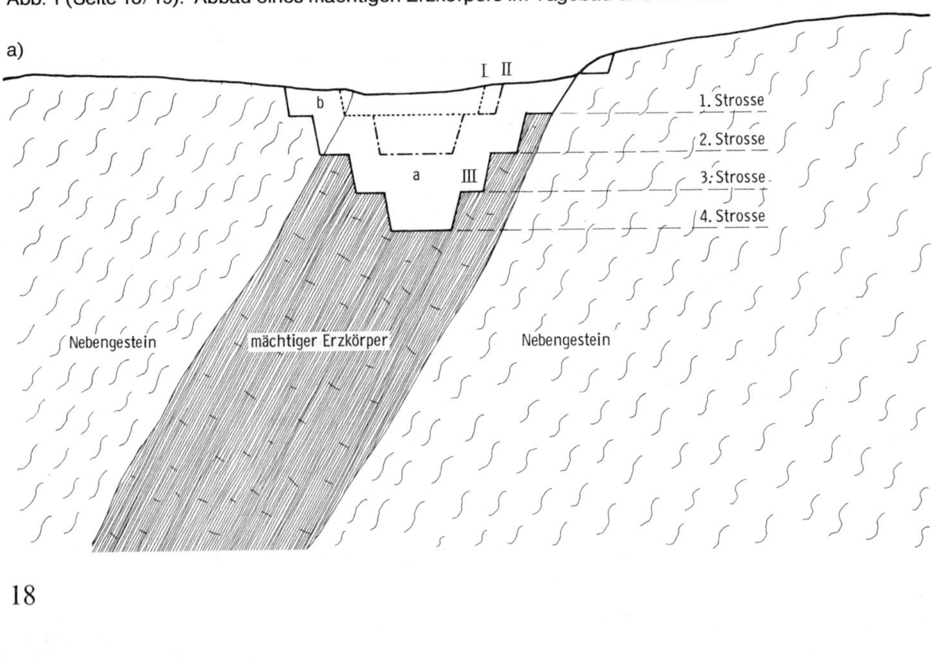

b)

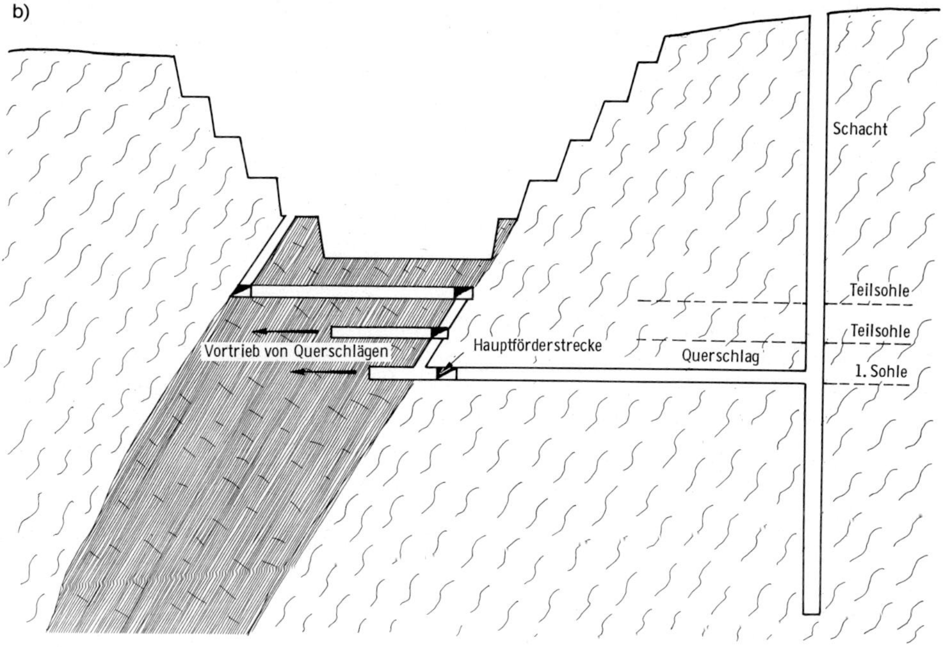
Schacht
Teilsohle
Teilsohle
Vortrieb von Querschlägen
Hauptförderstrecke
Querschlag
1. Sohle

c)

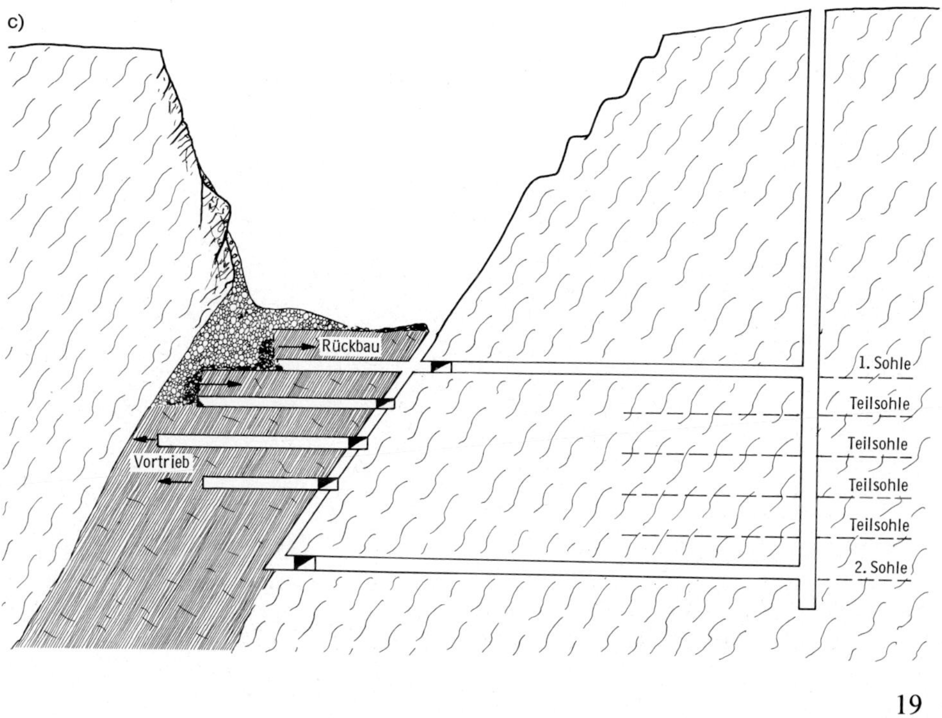
Rückbau
1. Sohle
Teilsohle
Teilsohle
Vortrieb
Teilsohle
Teilsohle
2. Sohle

daß auf der obersten Strosse mit einer Verbreiterung begonnen, d. h. indem dort das Nebengestein abgebaut wird. In diesem Stadium erkauft man die Möglichkeit, den Erzkörper unten weiter abzubauen, durch eine Verschlechterung des Abraum-Erz-Verhältnisses. Am Ende ist die Erzgewinnung über Tage nicht mehr wirtschaftlich, und der Tagebau kommt zum Erliegen. Anschließend kann der Abbau im Tiefbau fortgeführt werden, der viel leichter eine selektive Gewinnung des Erzes erlaubt.

Auf die Abbauprobleme wurde kurz eingegangen, um zu zeigen, daß ein in Betrieb befindlicher Tagebau ständig seine Form verändert. Meist wird auf mehreren Strossen gleichzeitig abgebaut. Alle Betriebspunkte müssen mit Fahrzeugen über Zufahrten erreichbar sein, die nur vorübergehend zu bestehen brauchen. Bei unseren genauen Fundortangaben müssen wir uns deshalb, z. B. bei Bezeichnung der Strosse usw., auf einen bestimmten *Zeitpunkt* beziehen oder die Lage der Proben im Hinblick auf die Form des Erzkörpers beschreiben. Eine solche Angabe wäre etwa der Abstand des Probepunktes von einem Kontakt des Erzkörpers zum Nebengestein.

Wir werden in manchen Fällen nicht nur grobe Schätzungen vornehmen, sondern Längen mit einem Zollstock, Bandmaß oder einem *Maßstab* auf dem Geologenhammer ausmessen. Zur Feststellung von Himmelsrichtungen und vor allem zur Bestimmung von Streichen und Fallen von schichtigen Erzkörpern oder Gängen benutzen wir einen *Geologen-* oder *Gefügekompaß.* Allerdings sind die Ergebnisse verwirrend, wenn nicht gar ganz falsch, wenn wir den Kompaß in der Nähe eines Erzkörpers mit magnetischen Mineralen wie Magnetit und Magnetkies gebrauchen. Solche Erzkörper sammeln nämlich die magnetischen Feldlinien und besitzen einen permanenten Magnetismus, wobei das Magnetfeld der Erde in der Umgebung deformiert wird. Auf dieser Erscheinung beruhen magnetometrische Prospektionsmethoden zur Auffindung von Eisenerzkörpern.

Abb. 2. Ansicht vom Titanerzgang „Storgangen" bei Hauge in Südnorwegen. Die Ausfüllung des Ganges besteht aus dunklem, gebändertem Ilmeniterz, das sich gut vom hellen Nebengestein aus Anorthosit abhebt. Der Kopf des Geologenhammers liegt direkt auf der Kontaktgrenze zwischen Erzkörper und hangender Nebengesteinsscholle.

Abb. 3. Auffällig magmatisch gebankte Zone aus dem Titanerzkörper des „Storgangen" bei Hauge in Südnorwegen. Die schwarzen Bänke bestehen aus sehr reinem Erz mit den Erzmineralen Ilmenit und Magnetit. Im Idealfall ist der Übergang zu der jeweils überlagernden hellen, plagioklasreicheren Bank diffus, während dann wieder die nächste Erzbank mit scharfer Grenze einsetzt.

Das Sammeln von Erzen gibt uns die Möglichkeit, aus eigener Anschauung die geologischen Verhältnisse einer Lagerstätte kennenzulernen. Die Proben bedeuten dann für uns herausgegriffene Belegstücke, deren Zusammenhänge wir durch die Beobachtungen im Aufschluß ergänzen müssen. Vor allem sind die Beziehungen zwischen Erz- und Nebengestein von Interesse. Gehören die Erze in eine magmatisch gebankte Abfolge, so liegen sie im einfachsten Falle ungestört in verwandte Gesteine eingelagert, deren Bänke in gleicher Weise fallen und streichen. Diese *konkordante Lagerungsform* ist normalerweise bei den Chromerzen vorhanden. Der Bauplan läßt sich im Gelände manchmal besonders schön an einzelnen Chromitbändern aus Reicherz erkennen. Auch für andere liquidmagmatische Erztypen ist der Grundtyp die konkordante Einschaltung von erzreichen Partien in umfangreichen Gesteinskörpern.
Die entgegengesetzte Möglichkeit, nämlich eine *diskordante Lagerung,* ist in Form von *Erzgängen* in den verschiedensten Bereichen der Lagerstättenbildung überaus häufig verwirklicht. Im magmatischen Bereich bilden z. B. die Eisen-Titanerze häufig Gangvererzungen innerhalb von Anorthositkomplexen (Abb. 2). Die gesamte Gesteins- und Erzbildung erfolgte dann nicht einphasig. Vielmehr müssen wir uns die Entwicklung komplizierter vorstellen, insofern als die Gesteinskörper bereits gebildet und so weit verfestigt waren, daß in ihnen bei tektonischer Beanspruchung Spalten aufreißen konnten, in die noch vorhandene Schmelzen eindrangen und an einigen Stellen bevorzugt Erzminerale ausschieden. Aber selbst in diesen Gängen ist die magmatische Bankung mehr oder weniger gut ausgeprägt (Abb. 3). Jede Bank beginnt im unteren, zuerst gebildeten Teil erzreich. Nach oben nimmt der Anteil der Erzminerale ab und der der Silikate zu. An der Grenze zur nächsten Bank wechselt die Materialzusammensetzung abrupt. Dieser Aufbau weist auf einen

rhythmischen Ablauf der Gangausfüllung hin. Übrigens läßt sich die rhythmische Bankung der Ilmeniterze im Aufschluß gut erkennen, da die Erzminerale eine Dunkelfärbung der Erz- und Gesteinsvarietäten bewirken, während sie mit zunehmendem Plagioklasgehalt heller werden.
Bei den sulfidischen Erzen wird das Auftreten auf Gängen oder als massige, in eine fremde Umgebung eingedrungene Erzkörper dadurch begünstigt, daß sie außerordentlich mobil sind. Im Stadium der Frühkristallisation sammeln sich zunächst Sulfidtröpfchen, die sich erst nach der Auskristallisation der Silikate verfestigen. Wenn die Anreicherung so weit geht, daß die Tröpfchen zu einer Sulfidschmelze zusammenfließen, kann diese abgequetscht werden und einen eigenen Intrusivkörper bilden. Abgesehen von dieser Möglichkeit, tritt am Ende des magmatischen Kristallisationsgeschehens eine sehr mobile H_2O-reiche fluide Phase auf, die ursprünglich in der Silikatschmelze gelöst war. Sie bewirkt nach ihrem Freiwerden innerhalb der magmatischen Gesteine und Erze sogenannte *autometamorphe* Mineralumwandlungen und belädt sich dabei mit den chemischen Stoffen der sulfidischen Erzminerale. Anschließende Migration und Ausscheidung von Erzmineralen führt zu Vererzungen, die in die später zu behandelnden *pneumatolytischen* und *hydrothermalen* Stadien der magmatischen Abfolge gehören. Zu den liquidmagmatischen Erzen bilden sie also eventuell einen Nachhall.
Sobald der Sammler einige Erfahrung gewonnen hat, wird er versuchen, aus eigener Anschauung mehr und mehr Zusammenhänge der Lagerstättenbildung zu erkennen. Durch Beobachtungen im Gelände entdecken wir immer wieder Neues. Manchmal gelangen wir erst durch wiederholte Besuche von Aufschlußpunkten zu einer Übersicht, oder es fallen uns später reizvolle Details auf, die wir sonst immer übersehen haben. Für das Erkennen von Gefügen und Verbandsverhältnissen können Wetter und Beleuchtungsverhältnisse entscheidend sein.
In Betrieb befindliche Gruben bieten mit fortschreitendem Abbau wechselnde Aspekte. Deshalb werden mit Sammeln verbundene „Aufschlußbefahrungen" niemals langweilig, selbst wenn uns einzelne Lokalitäten bereits bekannt sind.

Was läßt sich an den Erzen beobachten?

Damit wir bereits im Gelände wissen, was ungefähr an Mineralen, Erzen und Gesteinen vorliegt, richten wir uns so ein, daß wir mit einfachen Hilfsmitteln Diagnosen stellen können. Zur genauen Betrachtung kleiner Mineralkörner leistet uns eine *Lupe* gute Dienste.
Da die Ritzhärte ein wesentliches Bestimmungsmerkmal sowohl der gesteinsbildenden als auch der Erzminerale ist, benötigen wir ein Werkzeug zur *Härteprüfung;* dazu nehmen wir entweder ein *Taschenmesser* oder einen *Stahlnagel* (ein Eisennagel ist nicht zu gebrauchen). Minerale, die sich mit Stahl nicht ritzen lassen, be-

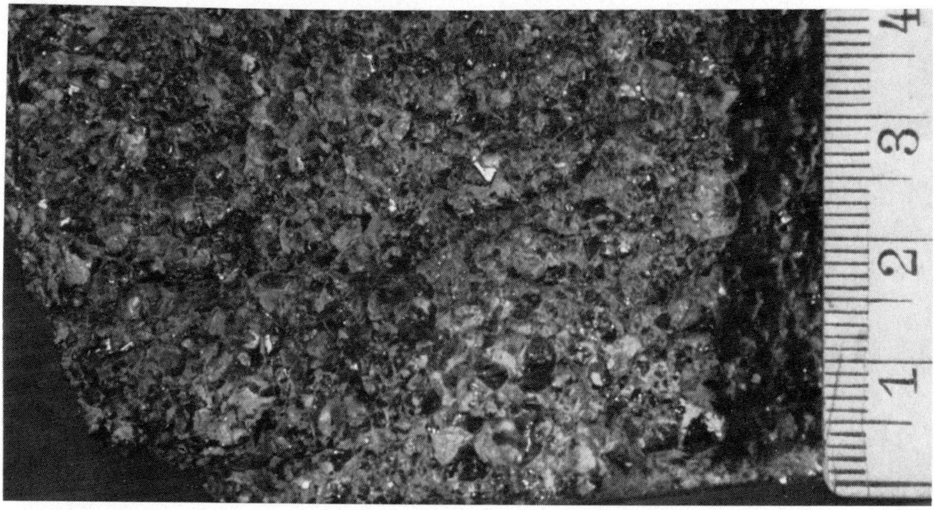

Abb. 4. Chromiterz vom Typ des Derberzes aus dem Great Dyke, nordwestlich Salisbury, Südrhodesien. Die körnigen Chromitkristalle sind gut zu erkennen.

zeichnen wir als hart. Sie lassen eventuell eine feine Metallspur erkennen. In weichere Minerale ritzt der Stahl eine vertiefte Spur ein. Ein Zeichen für sehr geringe Härte ist Ritzbarkeit mit dem Fingernagel wie bei Talk.
Zur Prüfung auf Karbonate nehmen wir ein Spritzfläschchen mit 10%iger *Salzsäure* mit. Speziell für die Untersuchung der Erzminerale gebrauchen wir ein kleines *magnetisches Eisenstück,* z. B. von einer Magnetwand, und ein sogenanntes *Strichtä-*

Abb. 5. Chromitbanderz. Die schwarzen Chromitkörner sind in einzelnen Bänkchen stark angereichert. Dazwischen breitet sich die helle Serpentingrundmasse aus, die aus Olivinkörnern hervorging. Die Probe wird von einer weißen Magnesitader durchsetzt. Fundort: Orhaneli (-Bussa) beim Dorf Cöreler, Türkei.

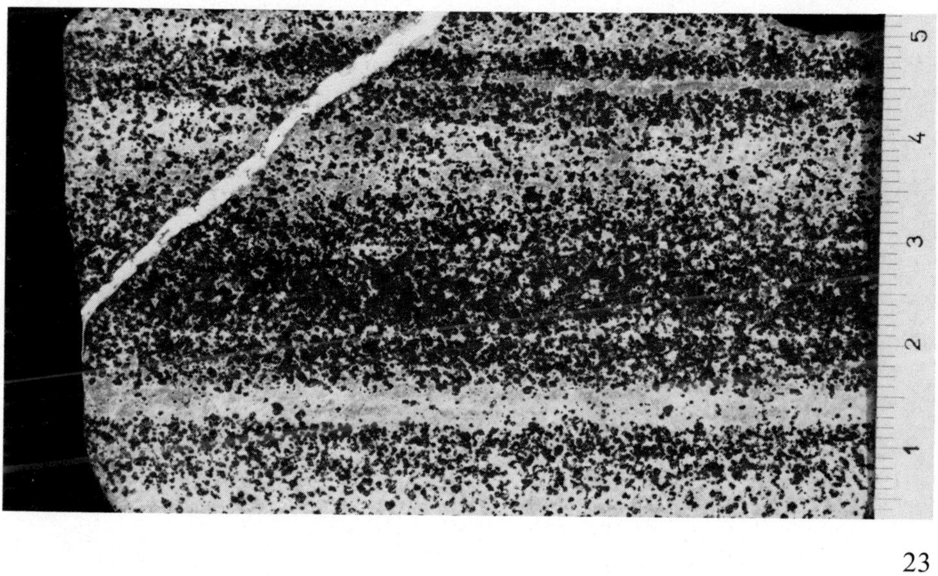

felchen aus unglasiertem Porzellan. Wir werden damit die magnetischen Eigenschaften und die Strichfarbe prüfen.
Nun nehmen wir doch einmal ein Stück Erz in die Hand; in diesem gedachten Falle soll es **Chromerz** sein. Mit Hilfe unserer Utensilien und der Tabellen 3 und 4 lassen sich die Einzelminerale bestimmen, die nach Tabelle 2 für Chromerz charakteristisch sind. Auf die Erzminerale weist uns die Natur meist dadurch hin, daß sie ihnen einen metallischen Glanz verliehen hat. Bei unserem Beispiel handelt es sich um Chromit, der entweder als *Derberz* (Abb. 4) in dicken Bänken rein auftritt oder von gesteinsbildenden Mineralen begleitet wird. Normalerweise wird eine gelbgrüne Grundmasse aus Serpentin vorliegen, wobei das Ursprungsmineral Olivin war. Von diesem Untergrund hebt sich die Chromitkomponente dunkel ab und zeigt verschiedenartige Gefügebilder, die ihre Erklärung in den besonderen Bedingungen während der magmatischen Entstehung finden.
Es werden mehrere Erztypen unterschieden. Im *Banderz* (Abb. 5) lassen abgerissene und durchhaltende Bänder aus Chromit eine magmatische Bankung erkennen. Auf kompliziertere Verhältnisse, eventuell mit Rutschungen und Zerstückelungen während der Bildung, deuten Anhäufungen aus Kugeln oder konzentrisch-ringförmige Strukturen der Chromitkomponente bzw. eckige Bruchstücke (die eine Breccie zusammensetzen) hin. Diese *Kugel-*, *Flecken-* und *Leopardenerze* wirken besonders interessant (s. Abb. 6).
Schließlich können die Chromitkristalle einzeln in die Matrix der Begleitminerale eingesprengt sein. Das gilt für das *Sprenkelerz,* einen verhältnismäßig armen Erztyp, dessen Chromitmineral außerdem meist eisenreich ist. Es wurde also in der Differentiation ziemlich spät gebildet.
Im Aufschluß mit Chromerzen wird unsere Aufmerksamkeit sehr leicht von den bisher beschriebenen Mineralen abgelenkt durch eine rosa bis prächtig pfirsichblü-

Abb. 6. Leopardenerz. Bei diesem Chromiterztyp enthält die helle Grundmasse aus Serpentin abgerundete „Brocken“ von derbem Chromiterz. Dadurch entsteht der Eindruck eines Leopardenfelles. Fundort: Soridag, Türkei.

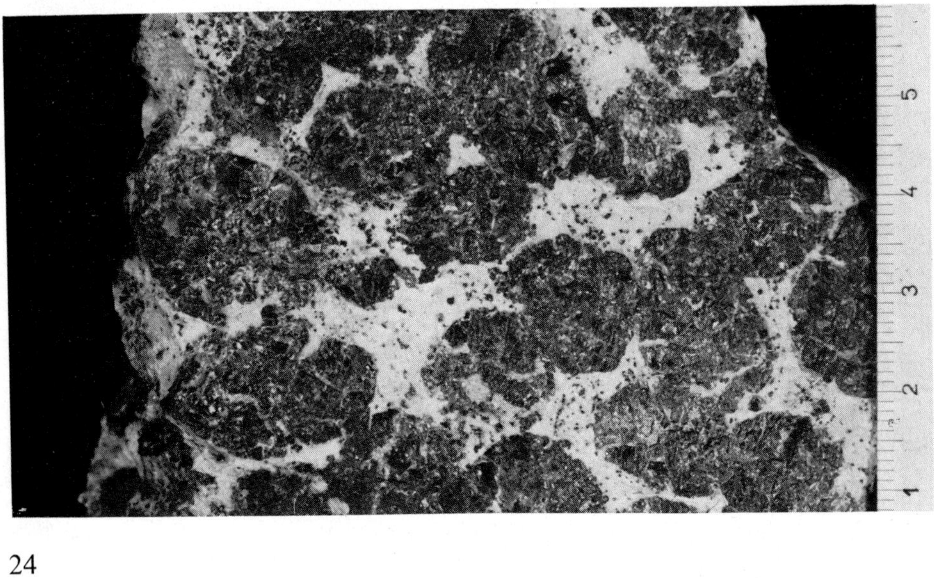

tenrote sekundäre Mineralbildung des Chroms. Es handelt sich um den **Kämmererit,** einen chromhaltigen Chlorit (s. Farbtaf. I, Bild 1, Seite 81). Er leuchtet uns in dünnen Häutchen, die sich auf feinsten Klüften ausgeschieden haben, allenthalben entgegen. Seltener sind schöne Kristallaggregate zu finden. So verrät uns dieses an sich unbedeutende Mineral das unscheinbarere Erzmineral Chromit.

Wenn wir ohne irgendwelche Hinweise wie die Anwesenheit von Kämmererit Chromit bestimmen wollen, stellt sich das Problem so: Es liegt ein schwarzes, schwer oder gar nicht mit dem Messer ritzbares Mineral mit grauem Metallglanz vor. Aus einer ganzen Gruppe von wichtigen Erzmineralen, die alle diese Eigenschaften besitzen, müssen wir anhand weiterer Merkmale unser Mineral herauskennen. Dazu benötigen wir den Magnet und die Strichtafel. Von den vier Mineralen Chromit, Ilmenit, Magnetit und Hämatit (Fe_2O_3) ist nur Magnetit so stark magnetisch, daß er auf unseren Magneten reagiert. Die weitere Unterscheidung gelingt durch die Strichfarbe. Dazu kratzen wir mit der Probe unter festem Druck einmal langsam über die unglasierte Porzellanplatte. Den erhaltenen Strich betrachten wir mit der Lupe. Anschließend reiben wir ihn mit dem Finger fein aus, um eventuelle Farbnuancen besser zu erkennen. So ergeben Magnetit und Ilmenit einen schwarzen Strich. Fein zerrieben, tritt beim Ilmenit eine braune Tönung auf. Chromit ist durch eine braune Strichfarbe charakterisiert. Überhaupt nicht zu verwechseln ist Hämatit wegen seines blutroten Strichs. Bei der Bestimmung der vier Minerale können wir uns nach folgenden Unterscheidungsmerkmalen richten:

Magnetit: Magnetisch, Strichfarbe schwarz.
Ilmenit: Unmagnetisch, Strichfarbe schwarz mit einem Stich ins Bräunliche.
Chromit: Unmagnetisch, Strichfarbe braun.
Hämatit: Unmagnetisch, Strichfarbe blutrot.

Etwas schwierig kann die Bestimmung werden, falls in einem feinkörnigen Erz mehrere Minerale nebeneinander auftreten. Bei einer Probe stellen wir z. B. magnetische Eigenschaften fest, aber die Strichfarbe ist rot. Das deutet sowohl auf die Anwesenheit von Magnetit als auch von Hämatit hin.

Eine andere Gruppe von metallglänzenden Erzmineralen tritt uns entgegen, wenn wir uns mit sulfidischen Erzen beschäftigen. Das Auffälligste sind ihre oft lichten Farben, deren feine Unterschiede ein wichtiges Erkennungsmerkmal für die Einzelminerale liefern. Im liquidmagmatischen Bereich begegnen uns vor allem Magnetkies mit bronzegelber, zu braun tendierender Farbe, Pyrit, sehr hell lichtmessinggelb, und Kupferkies, deutlich messinggelb mit einem Stich ins Grünliche. Wir sollten uns nur nach dem Aussehen frischer Bruchflächen richten, da die Eigenfarbe vieler Erzminerale häufig durch bunte bis schwarze Anlauffarben verdeckt wird. Bei der Untersuchung der Sulfidminerale können wir den Magnet benutzen, um Magnetkies, der, wie sein Name sagt, magnetisch ist, zu erkennen. Dann werden wir die Ritzhärte prüfen, wobei sich Pyrit durch seine Härte heraushebt. Zur Übersicht folgt eine Zusammenstellung der Bestimmungskriterien für die drei erwähnten Sulfide:

Magnetkies: Magnetisch, bronzegelb nach braun hin, mit Stahl ritzbar.
Pyrit: Unmagnetisch, lichtmessinggelb, hart.
Kupferkies: Unmagnetisch, messinggelb, mit Stahl ritzbar.

Mit unseren makroskopischen Methoden können wir in grobkörnigen Erzen sehr schön die vorherrschenden Erzminerale nebeneinander nachweisen. Wenn jedoch feine Verwachsungen, z. B. Pentlandit mit Magnetkies, oder winzige Körnchen vorliegen, lassen sich die Einzelminerale erst unter dem Mikroskop erkennen.

Da die typischen Erzminerale im Gegensatz zu den meisten gesteinsbildenden Mineralen auch in dünnsten Schliffen undurchsichtig sind, lassen sie sich nicht im Durchlicht untersuchen. Die *Erzmikroskopie* benutzt deshalb polierte Anschliffe, die mit Hilfe des *reflektierten* Lichtes betrachtet werden. Dabei lassen sich die *Gefüge* und *Eigenfarben* der Mineralkörner erkennen. Minerale mit hohem *Reflexions-*

Abb. 7. Anschliff einer Titanerzprobe vom „Storgangen" bei Hauge in Südnorwegen. Im reflektierten Licht des Auflichtmikroskopes erscheinen die durchsichtigen Silikatminerale dunkelgrau (rhombischer Pyroxen) bis schwarz (Plagioklas). Die oxidischen Erzminerale bilden einen zusammenhängenden hellgrauen Erzbereich, in dem die einzelnen Mineralkörner pflasterförmig aneinanderstoßen. Da das Reflexionsvermögen des Magnetits etwas höher als das des Ilmenits liegt, ist er etwas heller grau. Je nach Orientierung der angeschnittenen Kristalle ergibt der Ilmenit verschiedene Graustufen. In der rechten oberen Bildecke liegt ein kleines Sulfidkorn, das wegen seines starken Reflexionsvermögens wesentlich heller als Magnetit ist. Die lange Bildseite entspricht 3 mm.

vermögen wie Pyrit und Kupferkies erscheinen bedeutend heller als schwächer reflektierende, zu denen Magnetit gehört. Wie in der Gesteinsmikroskopie arbeitet man mit *polarisiertem* Licht. Wenn die optischen Eigenschaften bei gekreuzten Nicols untersucht werden sollen, wird hinter der Reflexionsstelle an der Probe ein zweiter Polarisationsfilter in den Strahlengang gebracht.

Dadurch ergeben sich weitere Diagnosemerkmale. Grundsätzlich lassen sich dann *isotropes* und *anisotropes Verhalten* unterscheiden. Im ersten Falle bleibt das Mineralkorn beim Drehen des Objekttisches schwarz, während sonst Hell- und Dunkelstellungen abwechseln. Einige anisotrope Minerale zeigen dabei herrliche Farbwandlungen.

Wir müssen die Erzmikroskopie als eine rein sachbezogene wissenschaftliche Untersuchungsmethode ansehen. Doch unversehens gelangen wir mit ihr in eine neue Welt der Farben und Formen, die uns mit ihren besonderen Reizen gefangen hält.

Aber auch den kühlen forschenden Verstand weiß sie in ihren Bann zu schlagen, denn immer wieder gibt sie ihm neue Rätsel auf und hält Überraschungen bereit. Um einen kleinen Einblick zu gewinnen, wollen wir kurz beim Beispiel eines **Titanerzes** verweilen. Haupterzmineral im Erz des Storgangen, einer gangförmigen Lagerstätte im Titanerzgebiet von SW-Norwegen (s. Abb. 2, Seite 20, und Abb. 3, Seite 21), ist der **Ilmenit** (Abb. 7, 8 und 10), der bei der erzmikroskopischen Betrachtung grau erscheint mit einem Farbstich ins Braunviolette. Gegenüber dieser oxidischen Mineralphase fallen die in geringem Ausmaß beigemengten Sulfidkörner blendend

Abb. 8. Erzmikroskopisches Bild einer Titanerzprobe vom „Storgangen" bei Hauge in Südnorwegen. Die grauen Ilmenitkörner bilden ein Pflastergefüge. Dazwischen sind einzelne Sulfidkörner (weiß) eingestreut. In den Körnern selbst sind Feingefüge zu erkennen. Als helle, unterbrochene Streifung tritt die Hämatitentmischung im Ilmenit in Erscheinung. Das Sulfidkorn besitzt einen komplexen Aufbau. Außer dem überwiegenden Pyrit (weiß) enthält es Magnetit (grau). Die lange Bildseite entspricht 0,6 mm.

hell ins Auge. Im Erz lassen sich einzelne größere Mineralkörner unterscheiden, die in der Schliffebene zu einem Pflastergefüge zusammentreten. Diese Körner aus Ilmenit und einem weiteren, etwas heller grauen Oxid, dem Magnetit, sowie untergeordnet Sulfid, waren in den hochtemperierten Frühstadien des Erzes sicherlich homogen. Doch besaßen sie nicht die chemische Zusammensetzung der reinen Mineralphasen, sondern enthielten verschiedene Stoffe in Lösung. Dem Ilmenit ($FeTiO_3$) war z. B. etwas Fe_2O_3 beigemischt, dem Magnetit (Fe_3O_4) dagegen Fe_2TiO_4. Als das Erz allmählich abkühlte, änderten sich die Verhältnisse, weil dann von der Natur anstelle der unreinen Mischphasen die bei niedriger Temperatur stabileren reinen Endglieder angestrebt werden. Vom Ilmenitkristall konnte nicht mehr soviel Fe_2O_3 aufgenommen werden. Deshalb bildete sich **Hämatit** als eigenes Mineral, und zwar in ganz besonderer Art und Weise. Gleichmäßig über den ganzen Ilmenit-Wirtskristall schieden sich winzige *Entmischungskörperchen* aus; sie sind außerdem

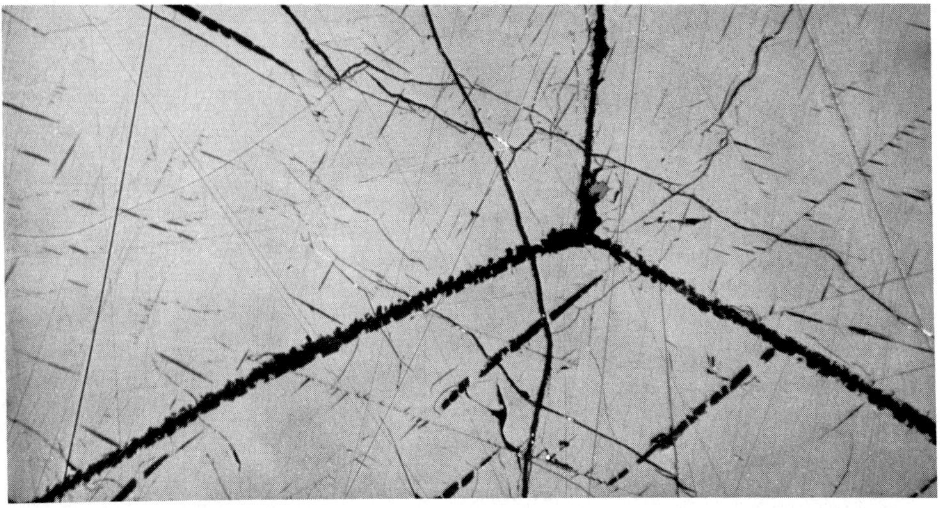

Abb. 9. Magnetitbereich im Anschliff einer Titanerzprobe von „Storgangen“ bei Hauge in Südnorwegen. Die Grenzen zwischen den drei zusammenstoßenden Magnetitkörnern (grau) sind durch kräftige Spinellsäume (schwarz) nachgezeichnet. Innerhalb des Magnetits ist eine sehr grobe und eine feine Spinellentmischung zu sehen. Die im Anschnitt spindelförmigen Entmischungskörper (schwarz) nehmen orientierte Lagen in den Wirtskristallen ein.
Die lange Bildseite entspricht 0,6 mm.

Abb. 10. Feingefüge an Grenzen zwischen Ilmenit- (dunkelgrau) und Magnetitkörnern (hellgrau) im Anschliff einer Titanerzprobe vom „Storgangen“ bei Hauge in Südnorwegen. – Es ist ein Reaktionssaum mit starker Spinellentmischung (schwarz) ausgebildet. Auf der Ilmenitseite sind im Grenzbereich noch Reste von verdrängtem Magnetit (hellgrau) zu erkennen, die von Spinell umschlossen sind. Zwischen dem Reaktionssaum und dem Ilmenit des Korninneren mit gleichmäßiger Hämatitentmischung (hell) liegt ein Diffusionssaum, in dem die Hämatitentmischung feiner wird und gegen den Reaktionssaum hin ganz verschwindet. Die lange Bildseite entspricht 0,23 mm.

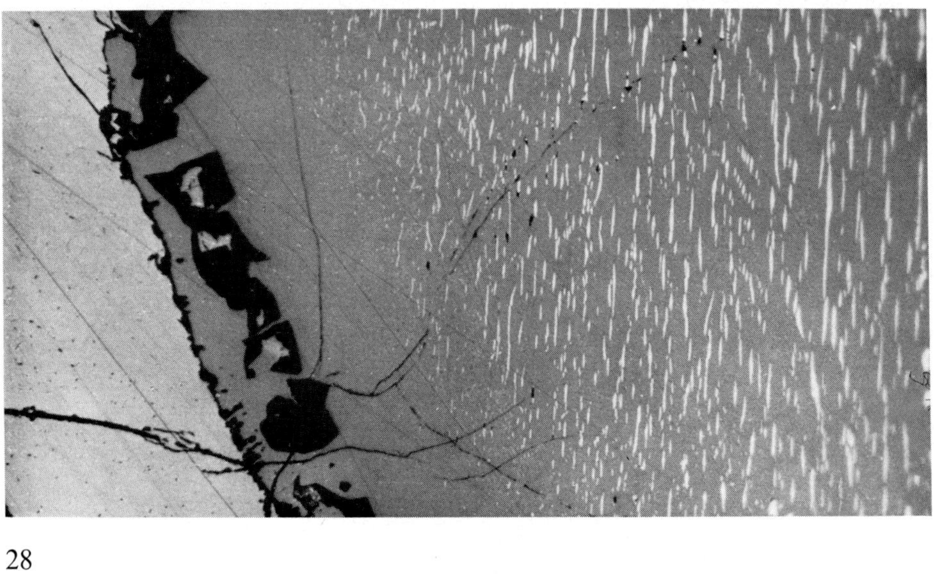

kristallographisch orientiert (s. Abb. 8). Wir erkennen sie in der Abbildung als feine, hellgraue, parallel angeordnete Streifen und Strichelchen. Abgesehen von ihrem reizvollen Aussehen sind solche Entmischungsbilder meist sehr typisch und erleichtern uns die Diagnose, hier z. B. von Ilmenit.

Im **Magnetit,** einem Angehörigen der Mineralgruppe der Spinelle, sind bei höherer Temperatur hauptsächlich solche Stoffe gelöst, die nach Abkühlung eigene Spinellphasen bilden. Außer dem erwähnten Fe_2TiO_4, der Ulvöspinellkomponente, die im Storgangenerz jedoch zu Ilmenit + Magnetit oxidiert wird, enthält der Magnetit die Bestandteile des Minerals **Spinell,** $MgAl_2O_4$, das der ganzen Gruppe den Namen gegeben hat. Der Spinell bildet orientierte Entmischungskörper nach den kristallographischen Würfelflächen des Magnetits. – Es sei bemerkt, daß alle Minerale der Spinellgruppe dem kubischen Kristallsystem angehören und deshalb auch optisch isotrop sind.

Da der entmischte Mg-Al-Spinell durchscheinend ist, hebt er sich in der Auflichtbetrachtung schwarz vom Magnetit ab (Abb. 9). Das typische Entmischungsbild zeigt grobe Spieße und feinere Spindeln, die durch ihre Richtungen Rückschlüsse über die Orientierung des jeweiligen Magnetitkorns zulassen. Außer dieser internen Entmischung beobachten wir zusätzlich eine kräftige Spinellausscheidung an den Korngrenzen von Magnetit, die in eindrucksvoller Weise das Reinigungsbestreben der Mineralphasen veranschaulicht.

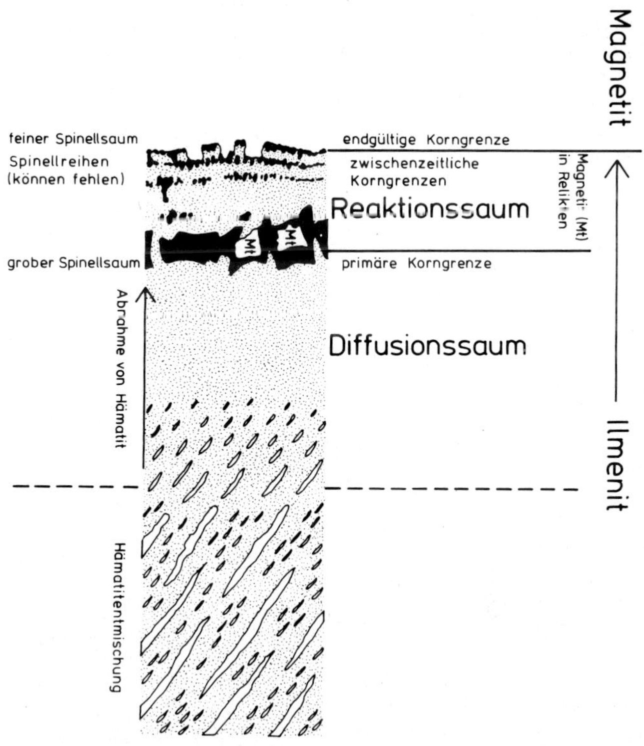

Abb. 11. Schematische Darstellung der Feingefüge an Korngrenzen zwischen Ilmenit und Magnetit.

Dieser Spinellsaum ist ohne weitere Besonderheiten, wenn zwei Magnetitkörner benachbart sind. Interessant wird es erst, wenn Ilmenit an Magnetit stößt (Abb. 10 und 11). Dann kam es in den Ilmeniterzen üblicherweise zur Ausbildung eines auffälligen *Grenzsaumes,* in dem die kräftige Spinellreihe parallel zur jetzigen Magnetit-Ilmenit-Grenze auf Ilmenitgebiet verläuft.

Solche Gefüge interessieren den Erzmikroskopiker sehr, da sie etwas über die Entstehungsgeschichte des Erzes aussagen können, wenn erst einmal eine Deutung gelungen ist. In diesem Falle bietet sich ein Ansatzpunkt zur Erklärung, falls wir annehmen, daß der besonders stark ausgebildete und am weitesten im Ilmenit liegende Spinellsaum den ursprünglichen Grenzverlauf angibt. Die weiteren Gefügemerkmale erzählen die folgende Entwicklung im Mikrobereich. Achten wir doch einmal auf die Hämatit-Entmischungsspindeln im Ilmenit. Sie werden nach außen zu immer feiner und sind in der Grenzzone gänzlich verschwunden. Das bedeutet, daß sie durch eine chemische Reaktion verbraucht wurden. An der Korngrenze tauschen Magnetit und Ilmenit in Anpassung an die Verhältnisse während der Abkühlung einen Teil der gelösten Stoffe aus, die der Partner zum Aufbau seiner eigenen Phase verwenden kann. Die Ulvöspinellkomponente des Magnetits ergibt mit der Hämatitkomponente des Ilmenits nämlich gerade Magnetit und Ilmenit:

$$Fe_2TiO_4 + Fe_2O_3 = Fe_3O_4 + FeTiO_3$$

Bei dieser Reaktion resultiert als Volumeneffekt eine Zunahme des Ilmenits, der über die ursprüngliche Grenze vordringt. An den neuen Korngrenzen können sich etappenweise meist schwache Spinellsäume ausbilden. In dem sogenannten „Reaktionssaum" zwischen der ältesten und der jüngsten Spinellreihe sind häufig Reste von Magnetit erhalten, die dann meist die geschütztesten Lagen hinter Spinellbarrikaden gegen den vorwärtsdrängenden Ilmenit einnehmen. An den Reaktionssaum schließt sich, in Ilmenitkörnern mit Hämatitentmischung deutlich sichtbar, ein breiter „Diffusionssaum" an, aus dem die Fe^{III}-Ionen des Hämatits durch Diffusion in die Reaktionszone abwanderten.
Damit wollen wir unseren Ausflug in die Erzmikroskopie beenden, das Auge vom Mikroskop wegnehmen und wieder die makroskopischen Erscheinungen betrach-

Abb. 12. Sulfidkorn vom Nickelmagnetkies-Typ im Anschliff einer Titanerzprobe vom „Storgangen" bei Hauge in Südnorwegen. – Der Magnetkies (grau) im Kern des Sulfidkorns wird randlich verdrängt von Pyrit (weiß). Aus dem Magnetkies entmischte Pentlandit (weiß) in Form von „Flammen". Als weitere sulfidische Mineralphase ist Kupferkies (hellgrau) vorhanden. Das komplex aufgebaute Sulfidkorn ist von Silikatmineralen (schwarz) umgeben. po: Magnetkies, py: Pyrit, pld: Pentlandit, cp: Kupferkies. Die lange Bildseite entspricht 0,4 mm.

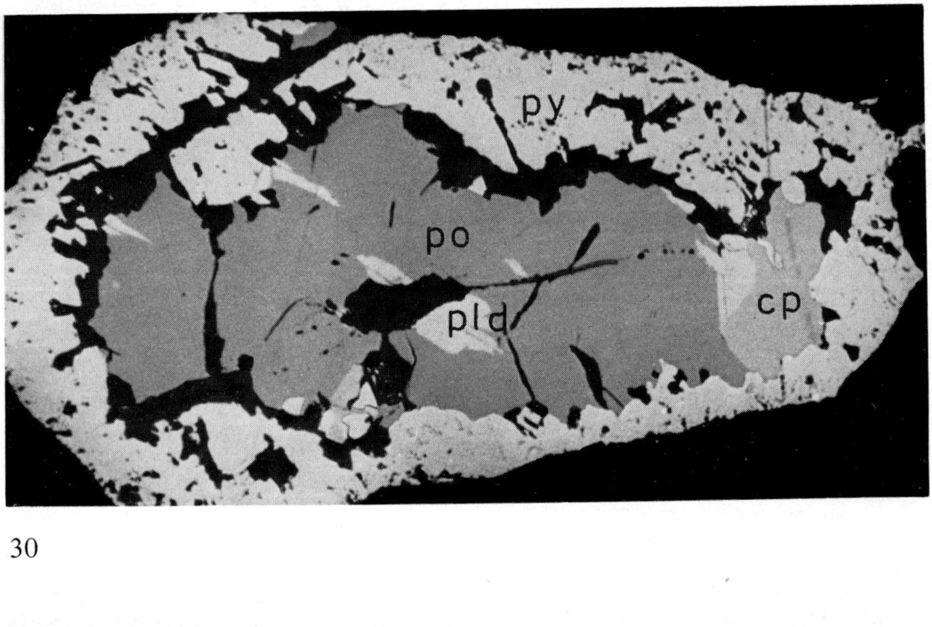

ten. Vor allem soll uns die Zuversicht bleiben, daß wir durch die Mikroskopie von Erzanschliffen die Möglichkeit besitzen, ganze Mineralgesellschaften mit ihren Verwachsungen zu erkennen, wo wir mit bloßem Auge nur einheitlich schwarzes Erz oder ein Sulfidfünkchen wahrnehmen (s. Abb. 12). Deshalb brauchen wir z. B. auch nicht zu verzweifeln, wenn wir die als Nickelträger wertvolle Pentlanditkomponente im sehr ähnlichen Magnetkies der sulfidischen Nickelerze mit der Lupe nicht zu erkennen vermögen.

Pegmatite, die Schatzkammern des Mineralreiches

Innerhalb der magmatischen Differentiationsentwicklung hört die Erzanreicherung dann vollständig auf, wenn die Silikatschmelze in größtem Umfang gesteinsbildende Minerale ausscheidet. Dieses Stadium wird als *Hauptkristallisation* bezeichnet. Besonders ausgeprägt ist diese Phase bei den kieselsäurereichen Schmelzen, deren Hauptprodukt als Tiefengestein der **Granit** ist. Anschließend bleibt eine stark differenzierte Restschmelze übrig. Sie ist hochkonzentriert an Wasser und weiteren leichtflüchtigen Bestandteilen, nämlich F, Cl, CO_2, SO_2 und H_2S, und enthält noch die ganze Vielzahl von Elementen, die nicht bei der Bildung der Massengesteine verbraucht wurden. Die nun einsetzende *Restkristallisation* spielt sich im *pegmatitischen* Stadium zunächst noch in einer Silikatschmelze ab und wird später während des *pneumatolytischen* und *hydrothermalen* Stadiums in wäßriger Dampfphase und Lösung fortgesetzt. Es sind Abschnitte der magmatischen Abfolge, die angefüllt sind mit seltenen, bunten, glänzenden und edlen Erzen.
Während bei der gabbroiden Gesteinsentwicklung die Frühausscheidungen lagerstättenkundlich mehr ins Gewicht fallen, schütten die granitischen Magmen ihre Erzschätze erst aus, wenn die Gesteinsbildung im wesentlichen abgeschlossen ist. Nach unseren geologischen und petrographischen Vorstellungen geht die Mehrzahl der Granite durch Aufschmelzung aus Krustenmaterial hervor, das infolge fortlaufender Überlagerung mit jüngeren Sedimenten und Ergußgesteinen in der Tiefe versunken ist. Die Natur teilt somit alles bunt zusammengewürfelte Material durch einen großzügigen Prozeß neu auf in schlichte magmatische Gesteine und einen Rest, aus dem die Erze hervorgehen. Sie treten allerdings nicht nur in den Endphasen der magmatischen Abfolge auf, sondern auch in ganz ähnlicher Ausbildung als Abspaltungen während der *Metamorphose;* genauer gesagt, die aufgeheizten Krustenteile sondern, bevor sie vollständig aufschmelzen, *wasserreiche Mobilisate* ab, die außerdem erzbildende Stoffe gesammelt haben. Da sich die Vorgänge unter denselben Temperatur-Druck-Bedingungen wie bei der Restkristallisation abspielen, begegnen uns im metamorphen Bereich gerade unter den gangförmigen Erzbildungen solche, die den echten pegmatitischen, pneumatolytischen und hydrothermalen ganz entsprechen.
Wenden wir uns jetzt den Pegmatiten zu! Sie heißen so, weil für sie ein riesenkörniges Korngefüge charakteristisch ist. Mit dem bisher Gesagten steht im Einklang, daß wir ihnen zum einen in Gesellschaft von magmatischen Gesteinen, zum anderen aber auch innerhalb von Metamorphiten begegnen. Fast in jedem Granitsteinbruch entdecken wir Gänge, die die Minerale des Granits in ganz grober Ausbil-

dung enthalten. Mehr oder weniger gut zu erkennen ist das typische *„schriftgranitische“* Gefüge: **Quarz** und **Kalifeldspat** sind gleichzeitig und orientiert gewachsen, wobei sie sich gegenseitig durchdringen. Das Ganze kann den Eindruck eines Schriftbildes erzeugen. Weiterhin wird uns **Glimmer** in groben Blättern und Tafeln auffallen.

Die Restschmelze bildet aber nicht nur Gangausfüllungen in offenen Spalten der Tiefengesteinskörper. Als Lagerstätten sind die kompakten Pegmatitstöcke noch interessanter. Darin können die Einzelminerale riesige Massen bilden. Ein beeindruckendes Beispiel ist der Pleystein in der gleichnamigen Stadt in der Oberpfalz. Wie im Märchen der zauberhafte „Glasberg“ ragt er als gewaltiger Quarzkegel auf. Mit dem Quarz der Pegmatite haben wir bereits einen Rohstoff vorgestellt, auf den z. B. die berühmte Glasindustrie des Böhmer Waldes zurückgeht. Außerdem wird er wie die Feldspäte zur Porzellanherstellung verwandt. Als Feldspatpegmatit ist der von Hagendorf in der Nähe von Pleystein zu nennen.

Die erwähnten gesteinsbildenden Minerale, die in Tabelle 5, I weiter aufgeschlüsselt sind, bilden nur den Rahmen oder die Eingangspforte zur eigentlichen Wunderwelt der Pegmatite. Mit den vielen hier eingefangenen Elementen bringt die Natur eine ungeheure Fülle von Mineralen hervor, die häufig ebenfalls Riesenwuchs entfalten. Zweckmäßigerweise werden sie als Pegmatitminerale bezeichnet, deren ganze Fülle nur von Pegmatitspezialisten übersehen werden kann. Einige von ihnen sind in Tabelle 5 aufgeführt.

Als typisches Leitmineral der Pegmatite wollen wir uns den **Turmalin** (Tab. 5, II) einprägen, der aufgrund einer Boranreicherung in der Restschmelze gebildet wird (s. Farbtaf. I, Bild 4, Seite 81). Während in den Übergangsgesteinen zwischen Granit und Pegmatit die schwarze Ausbildung des Schörl gemeint ist, entfaltet das Mineral

Abb. 13. Kurzsäulige Zinnsteinkristalle aus einem Zinnerzgang in einem Drusenhohlraum, aufgewachsen auf Quarz. – Bei genauer Betrachtung zeigt sich, daß es sich hier um Zwillingskristalle mit visierartig einspringenden Kanten handelt, die von den sächsischen Bergleuten „Visiergraupen“ genannt wurden. Fundort: Altenberg im Erzgebirge.

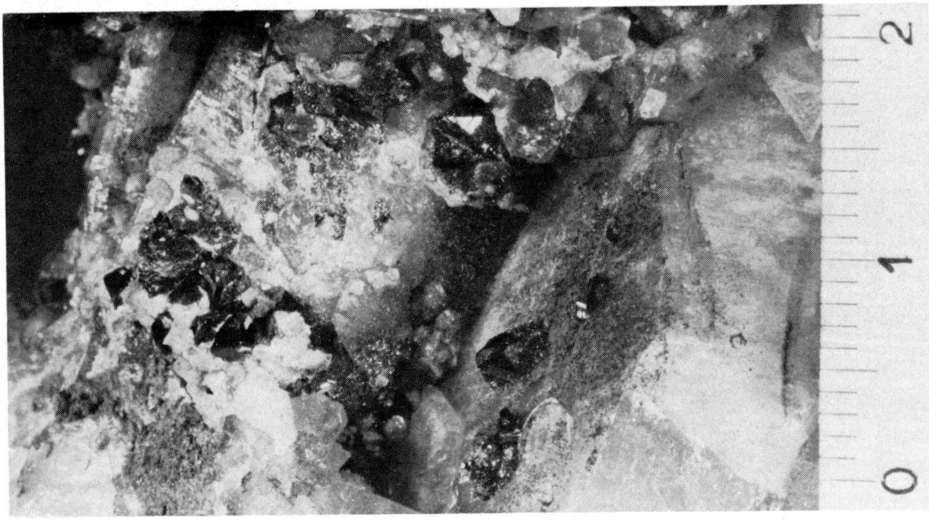

Abb. 14. Wolframerz mit tafeligen Wolframitkristallen, die in Quarz eingewachsen sind. Fundort: Mina Sanga Negra, Brasilien.

später einen ganzen Kreis von schönfarbigen Varietäten, wobei sogar der Pegmatittyp durch die Farbe seiner Turmaline angezeigt werden kann. In Lithiumpegmatiten mit dem Lithiumglimmer Lepidolith kommen häufig rosarote Rubellite vor; dagegen halten sich die grünen Verdelithe und blauen Indigolithe mehr an Pegmatite mit Zinn- oder Niob-Tantal-Vererzungen.

Viele Pegmatitminerale besitzen Fluor. Ein ausgeprägtes Fluormineral ist vor allem der **Topas** (Tab. 5, II). Er entsteht auch, wenn eine aggressive, fluorhaltige Restphase auf die Feldspäte im Granit einwirkt, wobei das Gestein in einen grauen **„Greisen“** umgewandelt wird. Diese interessieren deshalb ganz besonders, weil mit ihrer Bildung vielfach eine Vererzung mit Zinn verknüpft ist. In den Zinnsteingreisen und den Zinnsteinpegmatiten begegnen uns zwei dunkle, halbmetallisch glänzende Erzminerale sowie ein helles, metallisch glänzendes. Diese, **Zinnstein** (Abb. 13), **Wolframit** (Abb. 14) und **Molybdänglanz** (Abb. 15) (alle drei Tab. 5, V), gehören zu Zinn und seinen Begleitelementen Wolfram und Molybdän.

Bei manchen Zinnerzen sind die Minerale nur als schwarze Imprägnation in einem granitischen Gestein zu erkennen, die die Flanken von quarzhaltigen Gängchen und winzigen Spalten säumt (Abb. 16). Zusätzlich läßt sich beim Molybdänerz der Climax-Grube in Colorado (USA) ein besonderes Gefüge beobachten, indem die zahlreichen, sich kreuzenden Quarzgängchen pferdeschwanzähnlich verbogen sind (s. Abb. 17).

Ihren Schwerpunkt in Pegmatiten haben weiterhin die Mineralbildungen des Lithiums (Tab. 5, II) und des Berylliums (Tab. 5, III). Hier wie dort treffen wir nichtmetallisch glänzende und meist zartfarbige Minerale an (s. Farbtaf. I, Bild 5, Seite 81). Eine andere Gruppe bilden die Minerale der Elemente Niob, Tantal, Seltene Erden, Thorium und Uran (Tab. 5, IV). Es wird nicht immer leicht sein, deren Einzelminerale zu unterscheiden. Wir werden uns manchmal damit behelfen, daß wir die

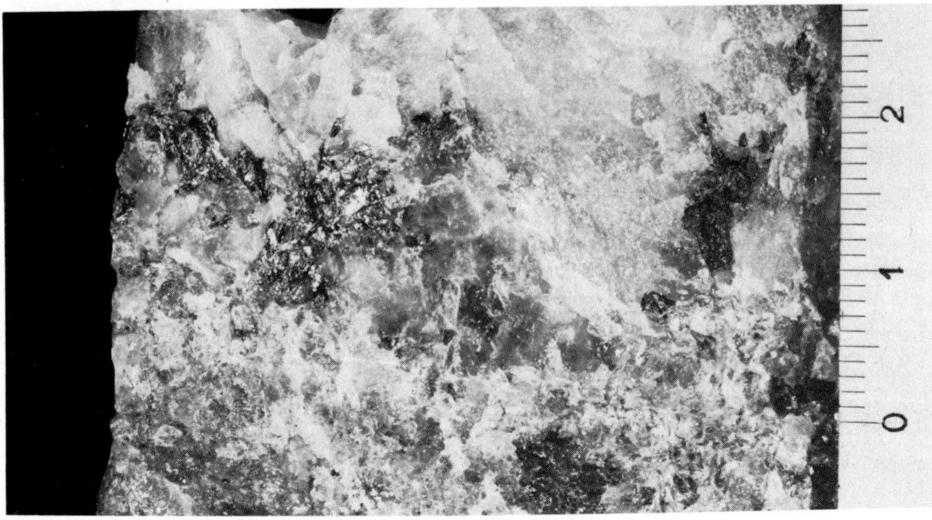

Abb. 15. Probe aus einem „Greisen" (pneumatolytisch umgewandeltes granitisches Gestein). Im unteren Bildteil ist das Gefüge mittelkörnig und das Gestein besteht aus Quarzkörnern und Glimmerplättchen. Nach oben zu dominiert derber Quarz, der Erzminerale umschließt. Links sind größere Nester mit blättrigem, stark metallisch glänzendem Molybdänglanz zu sehen. Rechts erscheint als dunkler Fleck Wolframit mit mehr halbmetallischem Glanz. Fundort: Pechtelsgrün im Vogtland.

Zugehörigkeit zu den sogenannten „Schwarzen Brüdern" feststellen; denn oft besteht folgende Merkmalskombination: schwarze Eigenfarbe, der Glanz ist häufig pech-, fett-, harz-, diamantartig oder halbmetallisch. Dazu tritt eventuell starke Radioaktivität, die mit einem Geigerzähler oder einem Szintillationsmeßgerät nachge-

Abb. 16. Zinnerzgängchen in einem feinkörnigen, granitischen Gestein (Aplit). Der Gang ist von hellem, grobkörnigem Quarz und schwarzem, sichtbar körnigem Zinnstein ausgefüllt. Im Kontaktbereich ist das Nebengestein durch eine feine Imprägnation von Zinnstein dunkel gefärbt. Fundort: Geyer, Sachsen.

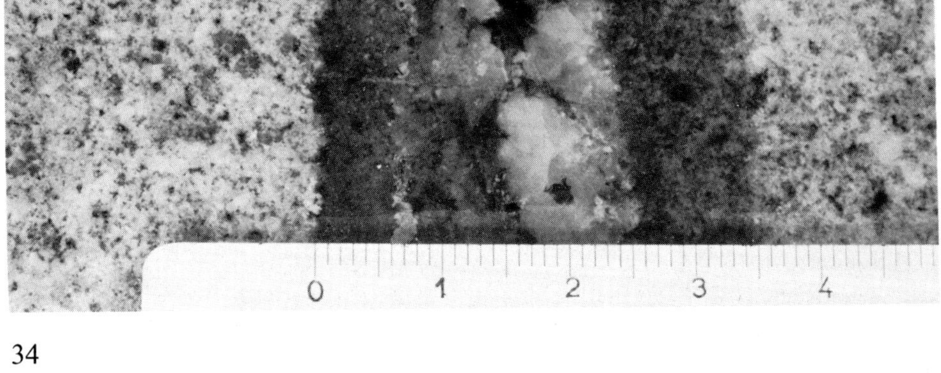

Abb. 17. Molybdänerz der Climax-Grube in Colorado (USA). Das Gestein ist sehr quarzreich und wird von Scharen gekrümmter Gängchen durchsetzt, die an der Dunkelfärbung durch fein verteilten Molybdänglanz zu erkennen sind. Zur Beschreibung des typischen Gefüges diente der Vergleich mit einem gebogenen Pferdeschweif.

wiesen werden kann. Außer den „Schwarzen Brüdern" besitzen die genannten, häufig zusammen vorkommenden Elemente allerdings auch helle und farbige Minerale. Gelegenheit zum Sammeln finden wir in Südnorwegen, das einige berühmte Pegmatitgebiete besitzt, z. B. an der Küste westlich von Larvik und bei Evje in Telemark.

Es sollen nun noch einige Minerale erwähnt werden, die üblicherweise im Bereich der Metamorphose zu Hause sind, aber auch als Rohstoffe aus Pegmatiten gewonnen werden. Gemeint sind **Graphit, Granat, Korund, Disthen, Sillimanit, Andalusit** und **Dumortierit** (Tab. 5, VI). Man kann ihr Auftreten durch Nebengesteinsassimilation im Kontaktbereich des Tiefengesteinskörpers erklären oder faßt die durch sie ausgezeichneten Pegmatite überhaupt als erste Aufschmelzprodukte in Metamorphiten auf.

Tabelle 5: Pegmatitminerale.

I. Gesteinsbildende Minerale der granitischen Gesteinsfamilie mit großer Bedeutung in den Pegmatiten.

Quarz, SiO_2 : *Meist farblos,* grau durchscheinend; *Fettglanz; Bruchfläche muschelig; hart.* Folgende Varietäten als Schmuckstein: **Rosenquarz** (durch feinste Rutilnädelchen (TiO_2) rosa gefärbt, in derben Massen), **Rauchquarz** (rauchbraun oder rauchgrau bis zum braunschwarzen **Morion,** als frei gewachsene Kristalle in Drusen von Zinnpegmatiten).

Feldspäte: Hell, glasklar oder milchigtrüb; *vollkommene Spaltbarkeit; hart.*

Kalifeldspat, $K[AlSi_3O_8]$: Oft fleischrötlich; in der reingrünen Varietät des **Amazonits** Schmuckstein.

Plagioklas, $(Na,Ca)[(Al,Si)_4O_8]$: Weißlich, hellgrau, gelblich, grünlich oder rötlich; auf den *Spaltflächen* ist meist eine feine Streifung zu erkennen. Eine Schmucksteinvarietät ist der **Sonnenstein,** der durch eingelagerte Hämatitschüppchen hervorgerufenen roten Schiller zeigt.
Glimmer: Schüppchen oder *Tafeln, die sich aufblättern und verbiegen lassen;* mit Stahl *ritzbar;* perlmutterartiger Glanz.
Biotit, $K(Mg,Fe)_3[(OH,F)_2 \mid AlSi_3O_{10}]$: *Schwarz,* braun oder dunkelgrün.
Phlogopit, $KMg_3[(F,OH)_2 \mid AlSi_3O_{10}]$: *Gelblichbräunliches* Mineral der Biotit-Reihe: metallisierend; charakteristisch sind sternförmige Lichtfiguren, die, durch feinste Fremdeinschlüsse bedingt, im durchscheinenden Licht zu sehen sind.
Muskovit, $KAl_2[(OH,F)_2 \mid AlSi_3O_{10}]$: *Farblos, silbrigweiß* oder hellbraun.

II. Minerale der Elemente Bor, Fluor und Lithium.
Turmalin, $Na(Li,Al,Mg,Fe)_3Al_6[(OH)_{1+3} \mid (BO_3)_3 \mid Si_6O_{18}]$: Tiefschwarz oder farbig, auch in verschiedenen Farben zonar aufgebaut; Glasglanz; *hart;* die typische Ausbildung besteht in *säuligen, längsgestreiften Kristallen mit abgerundet dreiseitig symmetrischem Querschnitt* (Abb. 19). Folgende Farbvarietäten werden extra bezeichnet: **Schörl** (schwarz); **Dravit** (braun); **Rubellit** (rosarot, weist auf Lithiumpegmatite hin); **Indigolith** (indigoblau); **Achroit** (farblos bis zart hellgrün). **Mohrenköpfe** sind Achroite mit schwarzen Enden. Die klaren und schönfarbigen Kristalle liefern Schmucksteine.
Topas, $Al_2[F_2 \mid SiO_4]$: Farblos, gelb oder andersfarbig; perlmutter- oder stark glasglänzend; *sehr hart;* besitzt wie Quarz *muschelig unebenen Bruch;* doch zeigen die säuligen, meist aufgewachsenen Kristalle rhombische Symmetrie; klar reinfarbig, Schmuckstein.
Kryolith, $Na_3[AlF_6]$: Meist weiß, sonst rötlich, braun oder schwarz; perlmutterartiger, etwas fettiger Glasglanz; *sieht eigentümlich feucht aus;* ist mit dem Stahlna-

Abb. 18. Probe aus dem Pegmatit von Ivigtut, Grönland. In der weißen, spätigen Masse aus Kryolith sind rhomboedrisch ausgebildete Sideritkristalle, Kupferkies (stark metallisch glänzend) und Zinkblende (schwarz) eingeschlossen.

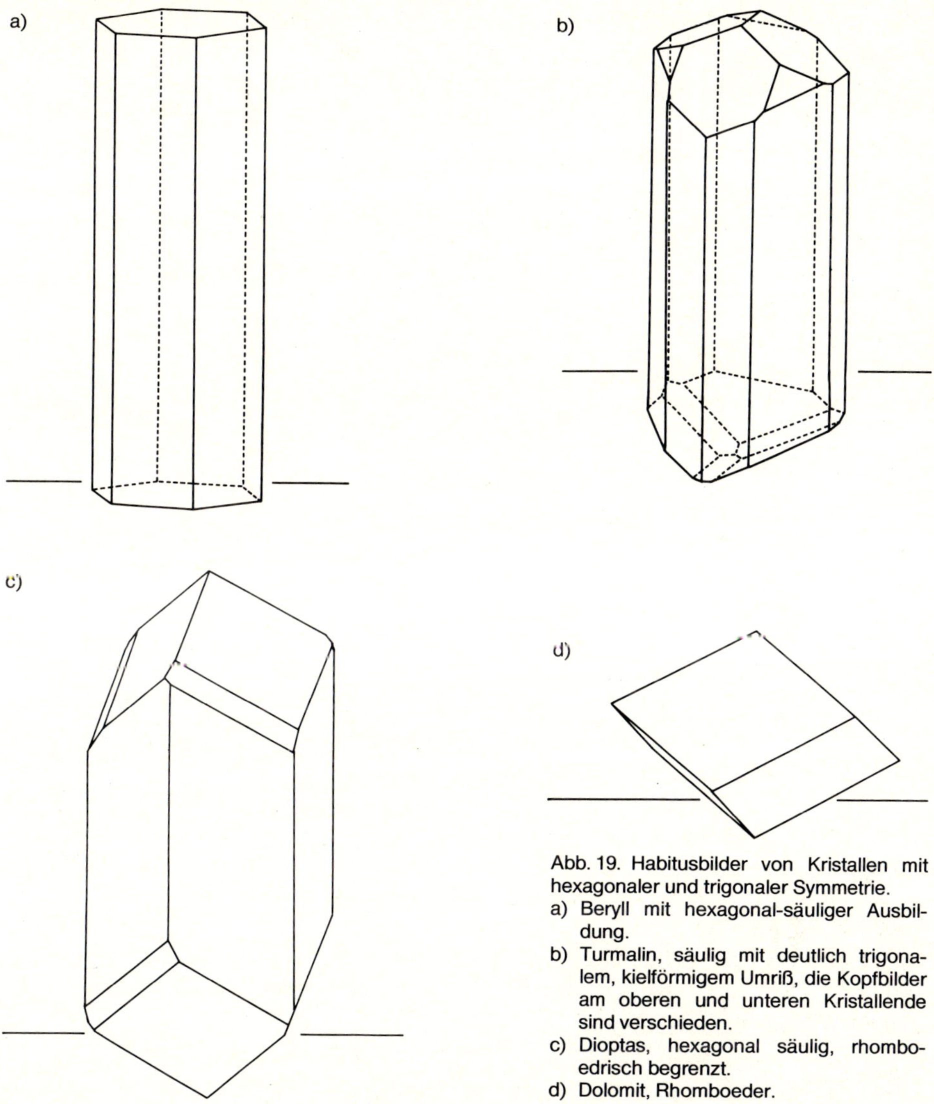

Abb. 19. Habitusbilder von Kristallen mit hexagonaler und trigonaler Symmetrie.
a) Beryll mit hexagonal-säuliger Ausbildung.
b) Turmalin, säulig mit deutlich trigonalem, kielförmigem Umriß, die Kopfbilder am oberen und unteren Kristallende sind verschieden.
c) Dioptas, hexagonal säulig, rhomboedrisch begrenzt.
d) Dolomit, Rhomboeder.

gel *sehr leicht ritzbar.* Kristalle und spätige Massen lassen sich in *pseudowürflige Spaltstücke* teilen. Das Mineral schmilzt sehr leicht und hinterläßt eine weiße Kruste. Als Rohstoff dient es hauptsächlich bei der Aluminiumherstellung als Flußmittel. Bekannteste Kryolith-Lagerstätte ist Ivigtut auf Grönland (s. Abb. 18).

Lepidolith, $KLi(Li,Al)Al[(F,OH)_2 \mid (Al,Si)Si_3O_{10}]$: Farblos oder häufiger *rosa;* perlmutterglänzend; schuppiges *Glimmermineral.*

Zinnwaldit, $KLiFe^{II}Al[(F,OH)_2 \mid AlSi_3O_{10}]$: Ebenfalls ein *Lithiumglimmer:* Silbergrau, gelblich, braun bis schwarz; perlmutterglänzend; schuppig, stengelig, radial- oder wirrblättrig.

Spodumen, $LiAl[Si_2O_6]$: Ein *Lithiumpyroxen:* Aschgrau, gelblich bis grünlichweiß;

hart; vollkommene Spaltbarkeit; bildet spätige Massen oder breitstengelige, längsgestreifte, eingewachsene Kristalle, die Riesengröße von 20 m Länge und 2 m Breite erreichen können. In Ausnahmefällen sind die Kristalle klar und schönfarbig und somit in folgenden Varietäten als Schmuckstein geeignet:
Kunzit (rosa oder lila); **Hiddenit** (smaragdgrün, gelb).
Amblygonit, $LiAl[(F,OH) | PO_4]$: Reinweiß, grau oder grünlich; als Schmuckstein farblos bis goldgelb; *hart; vollkommene Spaltbarkeit,* die es ermöglicht, papierdünne Blättchen abzuspalten. In seinen äußeren Kennzeichen und hinsichtlich seines Vorkommens in Riesenkristallen und spätigen Massen ist das Mineral dem Spodumen sehr ähnlich.
Triphylin, $Li(Fe^{II},Mn^{II})[PO_4]$, und **Lithiophilit,** $Li(Mn^{II},Fe^{II})[PO_4]$: *Grünlichgrau,* bläulich oder *blaufleckig;* fettglänzend; wird *von Stahl geritzt;* tritt in derben, grobkörnigen Massen auf.
Triplit, $(Mn^{II},Fe^{II})_2[F | PO_4]$: Rot, *braun bis schwarz;* fettglänzend; mit dem Stahlnagel *ritzbar;* bildet derbe *spätige* Massen.

III. Berylliumminerale.
Beryll, $Al_2Be_3[Si_6O_{18}]$: Meist matt und trüb, weißlichgrau, gelblich, grünlich, bläulich; *muschelig unebener Bruch; sehr hart;* läßt sich am *hexagonal-säuligen* Habitus der meist eingewachsenen Kristalle leicht erkennen (Abb. 19). Edelsteine liefern die klar reinfarbigen Varietäten **Aquamarin** (meergrün, blau mit Eisengehalt), **Smaragd** (smaragdgrün durch Chromgehalt), **Goldberyll** (gelb), **Rosaberyll, Morganit** (rosa).
Chrysoberyll, Al_2BeO_4 : Gelb bis grün; glasglänzend; *sehr hart;* gewöhnlich eingewachsene, *dicktafelige* Kristalle und pseudohexagonale, tafelige Drillinge. Liefert wie Beryll ebenfalls Edelsteine: **Chrysoberyllkatzenauge** oder **Cymophan** zeigt einen wogenden Lichtschein; **Alexandrit** ist eine bei Tageslicht grüne Varietät mit der besonderen Eigenschaft, im Kerzenlicht rot zu sein.

IV. Minerale der Elemente Niob, Tantal, Seltene Erden, Uran und Thorium.
Columbit, $(Fe,Mn)(Nb,Ta)_2O_6$: *Pechartiger Metallglanz; bräunlichschwarze* Eigenfarbe mit ebensolchem Strich; *hart;* deutliche Spaltbarkeit; derbe Massen und dicktafelige oder säulige Kristalle; in Verwachsung mit Zinnstein (siehe unten) magnetisch, als sekundäre Mineralbildung porös und koksähnlich.
Euxenit, $(Y,Ce,U,Pb,Ca)(Nb,Ta,Ti)_2(O,OH)_6$: *Halbmetallisch* und fettartig glänzend; *Mineralfarbe schwarz,* nach grün oder braun neigend; *Strichfarbe braun;* mit dem Stahlnagel nicht oder schwer ritzbar; muscheliger Bruch; *radioaktiv;* typische Aggregate sind als fächerartige Tafeln, garbenförmige Bündel oder radialstrahlig ausgebildet; wandelt sich in gelbliche oder rötliche Sekundärminerale um.
Allanit (Orthit), $(Ca,Ce)_2(Fe^{II},Fe^{III})Al_2[O | OH | SiO_4 | Si_2O_7]$: *Halbmetallischer Glasglanz; pechschwarz;* schwer oder nicht mit dem Stahlnagel ritzbar; *radioaktiv;* tritt in einzelnen eingesprengten Körnern auf.
Gadolinit, $Y_2Fe^{II}Be_2[O | SiO_4]_2$: Glas- bis fettglänzend; *schwarz* mit Stich ins Grünliche oder Bräunliche; *hart; radioaktiv;* meist derb. Durch die eigene Strahlung ist das Kristallgitter häufig zerstört und dabei das Mineral so instabil geworden, daß es beim Erhitzen lebhaft aufglüht.
Thortveitit, $Sc_2[Si_2O_7]$: Diamantartiger Glasglanz; schmutzig *grün bis fast schwarz;*

hart; kommt in radialstrahligen Rosetten und großen säuligen, zur Spitze verjüngten Kristallen vor.

Thalenit, $Y_2[Si_2O_7]$: *Fleischrot,* durchscheinend; hart; eingewachsene tafelige oder kurzprismatische Kristalle.

Monazit, $Ce[PO_4]$ mit Einbau von Zr,U,Th: Stark *harzglänzend; hellgelb bis dunkelbraun;* mit dem Stahlnagel schwer ritzbar; meist *radioaktiv;* eingewachsene Kristalle.

Xenotim, $Y[PO_4]$: *Fettglänzend; gelblich, bräunlich* bis rot; mit dem Stahlnagel *ritzbar;* bildet rundliche, idiomorphe Kristalle, die denen von Zirkon (siehe Tab. 6, II) gleichen.

Uraninit, UO_2, und **Thorianit,** $(Th,U)O_2$: *Pechartig* bis halbmetallisch glänzend; pechschwarz mit Stich ins Grünliche oder Bräunliche; Strich grauschwarz mit grünem oder braunem Ton; einerseits wohlkristallisiert in Würfeln oder Oktaedern, andererseits derbe Massen (**Pechblende**); starke *Radioaktivität.*

V. Erzminerale der Zinnsteinpegmatite.

Zinnstein, SnO_2: Halbmetallischer Glanz; *braun bis schwarz; Strich weiß bis bräunlichgelb;* hart; körnig eingesprengt oder in feiner Imprägnation. Charakteristisch für den hochtemperierten Bildungsbereich sind rundliche oder kurzsäulige Kristalle.

Wolframit, $(Mn,Fe)WO_4$: Halbmetallischer Fett- bis Metallglanz; *dunkelbraun bis schwarz; Strich schwärzlichbraun;* wird *von Stahl geritzt;* eingesprengte Körner oder feine Imprägnation. Bei hoher Temperatur gebildete Kristalle sind gedrungen prismatisch. Ein typisches Kennzeichen ist kräftige Längsstreifung, die an größeren Kristallen zu sehen ist.

Molybdänglanz, MoS_2: *Hell metallisch glänzend* mit rötlichbleigrauer Färbung; auf der Strichtafel wird ein *glänzender, bleigrauer Strich* erzeugt, der fein ausgerieben eine *schmutzig lauchgrüne* Tönung erhält; *mit dem Fingernagel ritzbar; blättrig-schuppig,* derb oder in feiner Imprägnation.

VI. Wertminerale der Graphit-, Granat-, Korund- und Tonerdesilikatpegmatite.

Graphit, Modifikation von Kohlenstoff: Stahlgrau bis *schwarz* mit ebensolchem und glänzendem Strich; *mit dem Fingernagel ritzbar;* grobkristalline *Blätter,* die sich unelastisch biegen lassen und sich *fettig anfühlen.*

Granat, der dem Endglied **Spessartin,** $Mn_3Al_2[SiO_4]_3$, nahekommt: Gelblich, *bräunlich* bis braunrot; *hart;* eingewachsene Kristalle mit *rundlicher Granatform* (Abb. 26, Seite 53) und derbe Massen. Verwendung als Schleifmittel.

Korund, die sogenannte α-Modifikation von Al_2O_3: Starker Glasglanz; normalerweise grau und mit verschiedenen unreinen Farben, trüb und fleckig; *sehr hart;* die meist eingewachsenen Kristalle weisen *trigonale Symmetrie* in verschiedener Tracht auf; ein typisches Kennzeichen ist starke Streifung und Riefung. Eine optische Besonderheit, die bei den in Edelsteinqualität ausgebildeten Exemplaren geschätzt wird, ist der Asterismus. Dabei erscheinen sternförmige Lichtfiguren mit sechs Strahlen, die durch eingelagerte Rutilnädelchen (TiO_2) oder Hohlkanälchen hervorgerufen werden. Nach der Farbe werden folgende klar reinfarbige Varietäten unterschieden: **Rubin** (rubinrot), **Saphir** (saphirblau), **Padparadscha** (orangegelb), **Leukosaphir** (farblos). Als Industriemineral wird Korund zu Schleifzwecken gewonnen.

Die folgenden Minerale dienen zur Herstellung von hochfeuerfestem Material:
Disthen, $Al_2[O \mid SiO_4]$: Weiß, grau bis *blau,* grün, gelblich oder rötlich; vollkommene Spaltbarkeit; in starker Abhängigkeit von der Richtung ist das Mineral mit dem Stahlnagel ritzbar oder nicht; es kommen breitstengelige, quergestreifte Kristalle, strahligblättrige Aggregate und derbe Massen vor.
Sillimanit, ebenfalls $Al_2[O \mid SiO_4]$: Weiß, grau, bräunlich, grünlich; seidenglänzend; *hart;* nur in *faseriger* bis stengeliger, filziger Ausbildung bekannt.
Andalusit, dritte Modifikation von $Al_2[O \mid SiO_4]$: Weißgrau, rötlich; mit Stahl nicht oder schwer ritzbar; die auf- oder eingewachsenen Kristalle bilden *pseudotetragonale Säulen,* auf deren Querbruch beim sogenannten **Chiastolith** ein *schwarzes Kreuz* zu erkennen ist.
Dumortierit, $(Al,Fe)_7[O_3 \mid BO_3 \mid (SiO_4)_3]$: Tiefblau, grau, bräunlich oder rot; schwach seidenglänzend; *hart; parallelfaserig,* dünnsäulig bis nadelig.
In den Pegmatiten finden wir also vor allem Industrierohstoffe sowie die Erze von Zinn und weiteren, meist seltenen Metallen. Den Mineraliensammler wird die Fülle der Pegmatitminerale reizen. Auf diesem Gebiet sind sogar Neuentdeckungen möglich. Aber noch in anderer Hinsicht bergen die Pegmatite wahre Schätze, nämlich *Edelsteine.* Wenn wir mit Quarz und den Feldspäten beginnen, so begegnen uns dort bereits *Schmucksteinvarietäten* wie der **Rosenquarz,** der grüne **Amazonit** oder der schillernde **Sonnenstein** (alle Tab. 5, I). Unsere besondere Aufmerksamkeit beim Sammeln sollte Hohlräumen im Gestein gelten, die in den Stadien der Restkristallisation gar nicht so selten sind. Meist wurden aus diesen Hohlräumen Drusen, indem von den Wänden her frei ausgebildete Kristalle, die besonders klar und schön sind, in den Hohlraum wuchsen. Die zinnhaltigen Granite, z. B. die des Fichtelgebirges, halten in solchen Verstecken die dunkel gefärbten Quarzvarietäten **Rauchquarz** und **Morion** (Tab. 5, I) bereit.
Von den Mineralen, die in klaren schönfarbigen Kristallen zu Schmuck- und Edelsteinen verschliffen werden können, gehören unter anderem **Turmalin, Topas, Spodumen, Amblygonit, Beryll, Chrysoberyll** und **Korund.** Sie erhalten hauptsächlich nach ihrer Farbe besondere Namen, die aus Tabelle 5 hervorgehen. Wir können die Pegmatite als die hauptsächlichen Bildungsstätten der meisten Edelsteine ansehen. Allerdings wird nur ein Teil direkt aus ihnen gewonnen. Die anderen sind nach der Verwitterung und Abtragung ihres Muttergesteins auf sekundären Lagerstätten, in sogenannten *Edelsteinseifen,* die im allgemeinen als Flußsediment entstanden sind, angereichert. Ein gewisser Vorzug liegt darin, daß sie eine langwährende Probe auf mechanische Festigkeit bestanden haben.
Ganz parallel zu den Edelsteinen tritt auch der **Zinnstein,** der ursprünglich im pegmatitisch-pneumatolytischen Milieu zu Hause ist, erneut in der sedimentären Abfolge auf *Seifen* lagerstättenbildend auf.

Mineralische Besonderheiten der Alkaligesteinsfamilie

Sowohl hinsichtlich der Gesteinsentwicklung als auch in bezug auf die Lagerstättenbildung geht die Natur ganz eigene Wege in den sogenannten *Alkaligesteinsprovinzen.* Es handelt sich um magmatische Komplexe, die nicht allzu häufig an tekto-

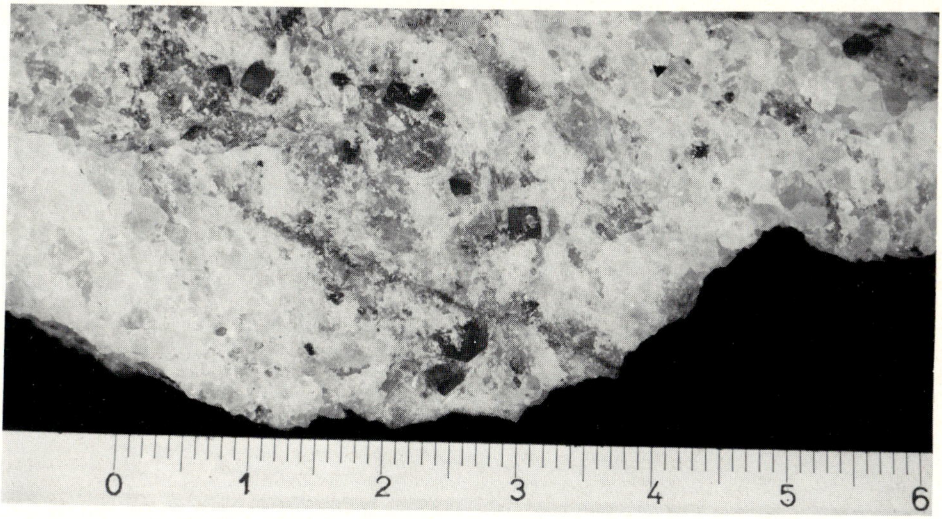

Abb. 20. Karbonatiterz. Die Hauptmasse besteht aus hellem, kristallinkörnigem Calcit. Eingesprengt sind würfelige und oktaedrische Kristalle von Pyrochlor und Perowskit. Fundort: Oke Massiv, Montreal, Kanada.

nischen Schwächezonen der kontinentalen Erdkruste auftreten. In Deutschland ist der Kaiserstuhl im Oberrheintal ein Beispiel. Ausgehend von einer basaltischen Schmelze differenzierte eine Vielfalt von Gesteinstypen, die für Magmatite ungewöhnlich reich an den Alkalimetallen Natrium und Kalium sind. Während normalerweise der SiO_2-Gehalt in einer silikatischen Schmelze allmählich zunimmt, so daß spätestens während der Restkristallisation freier Quarz ausgeschieden wird, stellt sich hier ein *Kieselsäureunterschuß* ein. Das bedeutet, in den zuletzt gebildeten Gesteinen reicht die Kieselsäure nicht mehr aus, um die Alkalimetalle vollständig in der Form von Feldspäten zu binden. An ihre Stelle treten deshalb zum Teil die etwas kieselsäureärmeren **Feldspatvertreter (Foide).** Wichtiges Mineral aus dieser Gruppe ist der **Nephelin** (Tab. 6, I). Im **Nephelinsyenit,** einem Gestein aus Kalifeldspat und Nephelin, begegnet uns bereits ein Rohstoff für die Porzellan- und Glasindustrie. Im übrigen liegt das Schwergewicht der Erzanreicherung wieder im Stadium der Restkristallisation. Dabei entstehen, abgesehen von Pegmatiten, als Ergebnis von sehr hohen CO_2-Konzentrationen magmatische Karbonatgesteine, die **Karbonatite.** Mit diesen wollen wir uns jetzt näher befassen.

In vielen Alkaligesteinsprovinzen bildet der Karbonatitkörper einen massigen, schlotförmigen Stock mit zentraler Lage. Als jüngere Bildung durchschlug er die vorher geförderten Ergußsteine und Tuffe sowie die in geringer Tiefe erstarrten plutonischen Gesteine des Gebietes, die alle zu einer Verwandtschaft gehören. Den Karbonatit des Kaiserstuhls finden wir als Hügelgruppe mit Kalkgesteinen zwischen Schelingen, Oberbergen und Vogtsburg.

Wie der Name vermuten läßt, besteht das Karbonatitgestein hauptsächlich aus Karbonaten (Tab. 6, I). Normalerweise überwiegt **Calcit,** der mit kalter verdünnter Salzsäure braust. An dessen Stelle können aber auch **Dolomit** *oder* **Siderit** treten, die eventuell an ihrer Färbung im angewitterten Zustand (gelblich oder grau bzw.

braun) erkannt werden. Als Begleitmineral gesellt sich oft **Biotit** dazu, dessen Gehalt in der Gesteinsvarietät **Sövit** sogar wesentlich ist. Bezeichnend ist in jedem Fall ein grobkörniges Gefüge, so daß die karbonatitischen Gesteine für Marmore gehalten werden können. Als solche hat man sie auch betrachtet, bevor ihre magmatische Entstehung erkannt war. Auf den frischen Bruchflächen einer Probe vom Kaiserstuhl glitzern uns die Spaltflächen der einzelnen Calcitkristalle entgegen. Eventuell entdecken wir dazwischen kleine dunkle, würfelige und oktaedrische Kristalle von **Koppit,** einem **Pyrochlor**-Mineral (s. Abb. 20), oder dem sehr ähnlichen **Dysanalyt.** Darin kommt zum Ausdruck, daß in den Karbonatiten, ähnlich wie in den Pegmatiten, ganz bestimmte Elemente angereichert sind, und zwar sind es hier besonders Zirkon, Titan, Niob, eine Gruppe der Seltenen Erden mit dem Cer sowie Thorium und Uran. Außer einigen gelben, braunen oder andersfarbigen Mineralen begegnen uns wieder solche, auf die die Bezeichnung „Schwarze Brüder" (vgl. S. 34) paßt (Tab. 6, II).

Die Karbonatitintrusionen sind meist von Gangsystemen begleitet. Diese lassen in einigen Fällen, so beim gut untersuchten Alnö-Karbonatit an der Küste Nordschwedens, tektonisch bemerkenswerte Verhältnisse erkennen. In bezug auf den zentralen Karbonatitkörper verlaufen dort die einen Gänge radial bei steilem Einfallen, während die anderen konzentrische Ringspalten ausfüllen, die nach der Tiefe hin konisch auf den Hauptschlot zulaufen.

Mehr an die jüngeren Gänge als an den massigen Anorthosit halten sich die Minerale **Baryt** und **Strontianit.** Das deutet darauf hin, daß sie ein pneumatolytisch-hydrothermales Bildungsmilieu vorziehen.

Von den weitverbreiteten Mineralen finden sich gern und in reichem Maße **Apatit** als Phosphatrohstoff und **Magnetit** als Eisenerzmineral in den Restkristallisaten der Alkaligesteinsfamilie ein. Auf Pegmatitgängen dieser Verwandtschaft tritt **Rutil** auf (s. Abb. 21). Schließlich sei auf die berühmte südafrikanische Kupferlagerstätte des

Abb. 21. Pegmatitprobe von Kragerö, Südnorwegen, mit Apatit (langsäulig) und Rutil (schwarz, metallisch glänzend). Die helle Grundmasse besteht aus Feldspat.

Palabora-Karbonatits hingewiesen mit den primären Erzmineralen **Kupferkies** und **Cubanit.**

Tabelle 6. Minerale der Syenitpegmatite und Karbonatite.

I. Gesteinsbildende Minerale, z. T. wichtig als Erz oder Rohstoff.

Nephelin, $(Na,K)[AlSiO_4]$: Weiß, *graugrün, graurot* oder gelblich, meist trüb; typischer *Fettglanz; muscheliger Bruch; hart;* wird von Salzsäure unter Abscheidung von gelatinöser Kieselsäure zersetzt.

Kalifeldspat und **Biotit:** Siehe Tab. 5, I.

Skapolith, $(Ca,Na)_8[(CO_3)_2,Cl_2) \mid Al_2Si_2O_8)_6]$: Weiß, grau, schmutziggrün, trübe; *vollkommene Spaltbarkeit;* schwer oder gar nicht mit Stahl ritzbar.

Titanit, $CaTiO_3$: Gelb, grün, braun bis schwarz; in feinkörniger Ausbildung meist *schmutzigweiß;* diamantglänzend; mit dem Stahlnagel *schwer ritzbar.*

Calcit (Kalkspat), $CaCO_3$: Meist farblos, weiß oder grau; *sehr vollkommene Spaltbarkeit;* mit Stahl *leicht ritzbar; braust mit kalter verdünnter Salzsäure.*

Dolomit, $CaMg[CO_3]_2$: Meist *gelblich* oder *grau; vollkommene Spaltbarkeit;* mit Stahl *leicht ritzbar, braust mit heißer* oder, fein zerrieben, mit kalter verdünnter *Salzsäure.*

Siderit (Eisenspat), $FeCO_3$: Meist *gelb* bis *bräunlichgelb, verwittert braun; vollkommene Spaltbarkeit;* mit dem Stahlnagel *ritzbar; braust mit heißer verdünnter Salzsäure.*

Strontianit, $SrCO_3$: Meist *farblos klar,* weiß oder grau; undeutliche Spaltbarkeit; mit Stahl *leicht ritzbar; braust mit kalter verdünnter Salzsäure.* Eine mit Salzsäure angefeuchtete Probe erzeugt in der Flamme eine purpurrote Färbung. Das Mineral tritt bevorzugt auf Gängen auf und bildet dort ein Strontiumerz.

Baryt (Schwerspat), $BaSO_4$: Hell, meist *weiß oder rötlich; vollkommene Spaltbarkeit;* mit dem Stahlnagel *leicht ritzbar;* das Mineral besitzt ein auffallend *hohes spezifisches Gewicht;* typisch sind blättrige Aggregate und spätige Massen.

Apatit, $Ca_5[F,OH \mid (PO_4)_3]$: Sehr variable Färbung, z. B. farblos klar, weißlich, gelblichgrün, bläulichgrün, grau, braun; mit Glas- bis Fettglanz; mit dem Stahlnagel *ritzbar; muscheliger Bruch;* löst sich in verdünnter Salpetersäure.

II. Minerale der Elemente Zirkon, Titan, Niob, Seltene Erden, Thorium und Uran.

Zirkon, $ZrSiO_4$: Meist *gelblich oder bräunlich;* diamantartig oder fettig glasglänzend; normalerweise hart; *muscheliger Bruch;* die Ausbildung von rundlichen, mit Kristallflächen gewachsenen Kristallen ist typisch (Abb. 22).

Baddeleyit, ZrO_2 : Fett- bis glasglänzend; farblos oder verschiedenfarbig, *gelb, grünlich,* rötlich, *braun;* wenn *schwarz,* dann fast metallisch glänzend; *Strich farblos bis hellbräunlich; hart;* bildet plattige, kurz- bis langprismatische Kristalle und radialfaserige, konzentrisch schalige (glaskopfartige) Krusten und Massen.

Rutil, TiO_2 : Diamantglanz bis *fast metallischer Glanz;* rot bis rötlichbraun; *Strich farblos bis bräunlichgelb; hart.*

Pyrochlor, $(Ca,Na)_2(Nb,Ti)_2O_6(O,OH,F)$ mit Ersatz von Ca, Na durch U, Th und Seltene Erden: Gelb, braun oder schwarz; Glasglanz; mit dem Stahlnagel *ritzbar;* als rundliche Körner mit *Oktaeder-* oder *Würfelform* eingesprengt.

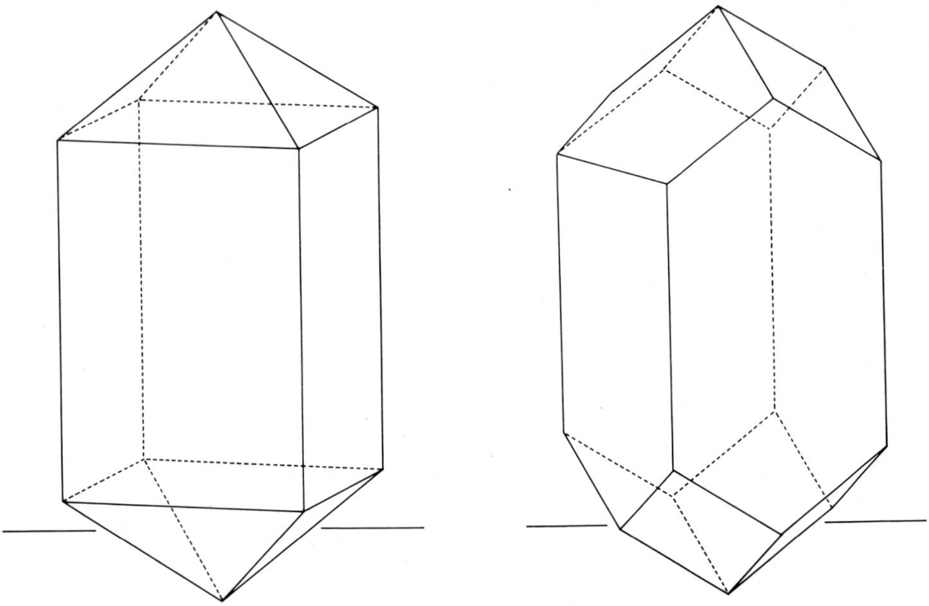

Abb. 22. Habitusbilder von Zirkonkristallen; zwei häufige Ausbildungen sind dargestellt, beide sind tetragonal säulig.

Columbit: Siehe Tab. 5, IV.

Perovskit (Dysanalyt), $(Ca,Na,Ce)(Ti,Nb,Fe)O_3$: Meist *schwarz* undurchsichtig mit *metallartigem Diamantglanz;* wird durch Stahl nicht oder nur schwer geritzt; die eingesprengten Körner sind von Pyrochlor kaum zu unterscheiden.

Allanit (Orthit): Siehe Tab. 5, IV.

Mosandrit, $(Ca,Na,Y)_3(Ti,Zr,Ce)[(F,OH,O)_2 \mid Si_2O_7]$: *Tief rötlichbraun* gefärbt, an den Kanten durchscheinend; glasglänzend; wird *von Stahl geritzt.*

Rinkit, $Na_2Ca(Ca,Ce)_4(Ti,Nb)[(F,O)_2 \mid Si_2O_7]_2$: Dem Mosandrit sehr ähnliches Mineral. **Lovtschorrit** ist ein Rinkit, dessen Kristallgitter durch die eigene radioaktive Strahlung stark zerstört ist.

Eudialyt, $(Na,Ca,Fe,Ce)_6Zr[(OH,Cl) \mid (Si_3O_9)_2]$: *Bräunlichrot* bis pfirsichblütenfarben; glasglänzend; mit dem Stahlnagel schwer ritzbar; meist in kugelig körnigen, eingewachsenen Kristallen.

Lovozerit, $Na_2Zr[Si_6O_{12}(OH)_6] \cdot 0{,}5\ NaOH$: *Dunkelbraun* bis schwarz; *läßt sich mit Stahl ritzen;* geht meist durch Umwandlung aus Eudialyt hervor.

Monazit: Siehe Tab. 5, IV.

Florencit, $CeAl_3[(OH)_6 \mid (PO_4)_2]$: *Blaßgelb* bis *rosa; mit Stahlnagel ritzbar;* bildet kleine Kristalle.

Goyazit, $SrAl_3[(OH)_6 \mid PO_4 \mid PO_3OH]$: *Honiggelb* mit harzartigem Glasglanz; *weich; vollkommene Spaltbarkeit;* in kleinen Kristallen.

Bastnäsit, $Ce[F \mid CO_3]$: *hellbräunlichgelb* bis *rötlichbraun;* Glas- bis Fettglanz; *weich; braust mit heißer verdünnter Salzsäure;* bildet feine blättrige Kristalle und dichte körnige Massen.

Thorianit: Siehe Tab. 5, IV.

III. Erzminerale von Kupfer und Eisen.
Kupferkies: Siehe Tab. 4.
Cubanit, $CuFe_2S_3$: Metallisch glänzend; messinggelb bis bronzegelb; tritt in Verwachsung mit Kupferkies auf.
Magnetit: Siehe Tab. 4.

Erzgänge der magmatischen Abfolge

Die allgemeine Vorstellung von Erzen ist fest verwurzelt mit metallisch glänzenden Mineralen, die in *Gängen* vorkommen. Diese bilden den vorherrschenden Lagerstättentyp, auf den sich der traditionsreiche Bergbau in den deutschen Mittelgebirgen gründet. Genetisch handelt es sich um Ausscheidungen aus einer mit erzbildenden chemischen Komponenten angereicherten wäßrigen (hydrothermalen) Lösung, die sich in einem offenen Kluftsystem meist von der Tiefe zur Erdoberfläche bewegte. Als Erzbringer wirkte ein magmatischer Gesteinskörper im Untergrund, im Normalfall ein Granitpluton; aber es können auch Umlagerungen der Erzgehalte aus sedimentären oder metamorphen Gesteinskomplexen stattgefunden haben. Innerhalb der magmatischen Abfolge bilden die *hydrothermalen Gänge* den Abschluß der Restkristallisation.

Wir hatten bereits das *pegmatitische Stadium* kennengelernt, das sich im Temperaturintervall von etwa 500–600 °C bewegt. Im anschließenden *pneumatolytischen Bereich* zwischen ungefähr 500–375 °C ist die Erzbildung an eine sehr mobile Dampfphase geknüpft, die sehr intensiv auf das Nebengestein einwirkt. Deshalb soll später im Zusammenhang mit der Kontaktmetamorphose darüber gesprochen werden. Unter 375 °C liegt normalerweise eine wäßrige Lösung vor, die je nach Herkunft und Abkühlungsgrad bestimmte Erztypen hervorbringen kann. Diese lassen sich durch anschauliche alte Bergmannsbezeichnungen oder durch ihre Zugehörigkeit zu *„Formationen"* (nach Schneiderhöhn) bezeichnen.

Bevor wir die Mannigfaltigkeit der Ausbildungsformen und Gefüge von hydrothermalen Vererzungen im Gelände studieren, wollen wir uns zunächst mit den Mineralen beschäftigen, deren wichtigste Vertreter in Tabelle 7 zusammengestellt sind. Um eine persönliche Anschauung zu gewinnen, empfiehlt sich jetzt ganz besonders der Besuch einer mineralogischen Sammlung. Bei den Mineralnamen werden uns viele begegnen, die außer den wissenschaftlich eingeführten Bezeichnungen noch durchaus gebräuchliche Benennungen aus der Bergmannssprache besitzen. Ihnen gebührt eine besondere Wertschätzung, da sie ein tiefes Vertrautsein mit den äußeren Mineralkennzeichen in sich einschließen.

Der Bergmann unterscheidet grundsätzlich „Kiese", „Glanze" und „Blenden". Dabei beinhaltet *„Kies"* Metallglanz, helle Farbe und nicht zu geringe Härte. Beispiele sind **Pyrit (Schwefelkies** oder **Eisenkies,** Farbtaf. IV, Bild 5), **Kupferkies** (Farbtaf. IV, Bild 5), **Buntkupferkies, Magnetkies, Arsenkies** und **Rotnickelkies** (Farbtaf. I, Bild 2). Die meisten Kiese passen in Tab. 7, I.

Als *„Glanze"* werden dunklere, metallisch glänzende und zugleich weiche Minerale bezeichnet. Aus Tab. 7, II entnehmen wir die folgenden: **Kupferglanz, Silberglanz, Bleiglanz** (Farbtaf. I, Bild 6), **Antimonit (Antimonglanz** oder **Grauspießglanz,** so genannt wegen seiner stengelig strahligen Ausbildung). **Boulangerit** und **Jamesonit** gehören in die Gruppe der **Bleispießglanze.**

Durch *„Blende“* wird im wesentlichen die **Zinkblende** (Farbtaf. I, Bild 6) mit ihrem „blendeartigen“, halbmetallischen Diamantglanz bezeichnet.

Sehr anschaulich ist ein weiterer Ausdruck, *„Fahlerz“*, für eine Mineralgruppe mit fahlem (etwa matt-stumpfem) metallischem Glanz. Erwähnt seien **Tetraedrit (Antimonfahlerz;** Abb. 23) und **Tennantit (Arsenfahlerz),** die durch Übergänge miteinander verbunden sind.

Abb. 23. Fahlerzkristalle (Tetraedrit) von tetraedrischem Habitus auf einer Mineralstufe zusammen mit Quarz. Im unteren Bildteil ist metallisch glänzender Pyrit in derber Form erkennbar, der auf der Probenseite frisch angebrochen ist. Fundort: El Arco, Peru.

Die Namen **„Lichtes- und Dunkles Rotgültigerz“** für die Silbererze **Proustit** und **Pyrargyrit** verstehen sich von selbst.

Während bislang ausschließlich von typischen Erzmineralen die Rede war, gehören die *„Späte“* mehr zur Gangart, das heißt zur Ausfüllung des Ganges mit nichtmetallisch glänzenden Begleitmineralen, die aber dennoch mineralische Rohstoffe oder sogar das Erz darstellen können.

Mit „Spat“ wird auf das wichtige Erkennungsmerkmal der Spaltbarkeit hingewiesen, die bei diesen Mineralen meist vollkommen ist. Sie ist bei Kristallen häufig in Form von Spaltrissen zu erkennen. Ganz typisch sind die Bruchflächen von derben Stücken eines Spatminerales, da sie den ebenen Spaltflächen folgen. Zu den Späten gehören aus Tab. 7, V **Flußspat** (Farbtaf. II, Bild 1), **Schwerspat** und die Karbonate **Calcit (Kalkspat), Dolomit (Bitterspat), Ankerit (Braunspat), Siderit (Eisenspat)** und **Rhodochrosit (Manganspat;** Farbtaf. II, Bild 3).

Einige Minerale besitzen aufgrund ihrer Ausbildungsform den einprägsamen, alten Namen *„Glaskopf“*. Damit werden hauptsächlich Eisenminerale bezeichnet, die als nierig-traubige Massen und Krusten mit glänzend glatter Oberfläche vorkommen.

Ihr Innengefüge ist dicht oder fein parallel- bzw. radialstrahlig. Eventuell sondern sich einzelne Schalen ab. Die gewöhnlichen Glasköpfe sind schwarz und werden nach der Strichfarbe unterschieden; denn sie gibt die wahre Natur des Minerals zu erkennen. Wir wollen uns die folgenden Glasköpfe aus Tab. 7, IV merken: den **Roten Glaskopf (Hämatit;** Abb. 24), den **Braunen Glaskopf (Brauneisen)** und den **Schwarzen Glaskopf** (aus oxidischen Manganmineralen wie **Pyrolusit** und **Kryptomelan** bestehend).

Die glaskopfartige Erscheinung wird noch bei einer Reihe weiterer Minerale ange-

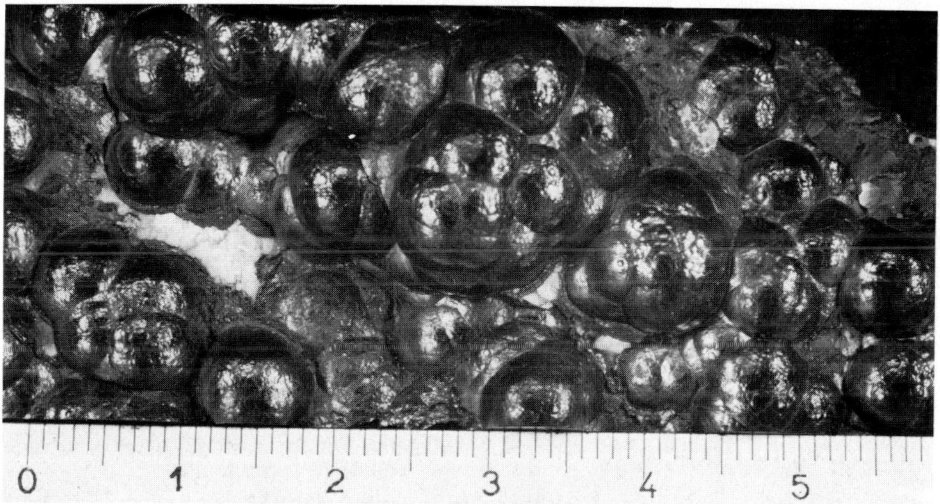

Abb. 24. Aufsicht auf traubigen Roten Glaskopf. Das helle Mineral ist Baryt. Fundort: Knollen bei Lauterberg im Harz.

troffen und hängt mit einer ursprünglich gelartigen Ausscheidung bei verhältnismäßig niedrigen Temperaturen zusammen. Beispiele sind der früher erwähnte **Baddeleyit** (Tab. 6, II), die **Pechblende** (Tab. 5, IV), **Pyrit** und **Markasit** (Tab. 7, I), **Zinkblende** und **Wurtzit** als Schalenblende (Tab. 7, III), **Zinnstein** als **Holzzinn** (Tab. 7, IV) und **Gediegen Arsen (Scherbenkobalt)** (Tab. 7, I, Abb. 25, S. 48). Aus dem Wort Scherbenkobalt geht zunächst hervor, daß die Mineralbildung einen schaligen Aufbau besitzt und in Scherben zerbrochen werden kann. Wir dürfen uns aber ja nicht irreführen lassen und denken, daß es sich um ein Mineral des chemischen Elementes Kobalt handele. Vielmehr gilt hier die ursprüngliche Bedeutung von Kobalt, die für den Scherbenkobalt wie für die Minerale des Kobalts zutrifft. Die Bezeichnung geht nämlich auf abergläubische Vorstellungen von Berggeistern oder Kobolden zurück, die im harmlosesten Falle mit den Bergleuten ihren Spaß trieben, indem sie sie verwirrten und bei der Arbeit störten. Bösartige und gefährliche Kobolde raubten das Silber und trachteten den Menschen nach dem Leben. Nach den Kobolden wurden unerwünschte Minerale genannt, die z. B. Silber vortäuschten, ohne das Edelmetall zu enthalten. Aus solchen gewann man später ein Metall

Abb. 25. Gediegen Arsen (Scherbenkobalt) von Andreasberg im Harz.

Kobalt. Der Scherbenkobalt ist gut als Berggeist vorstellbar, denn er verflüchtigte sich als Hüttenrauch in den Schornstein und setzte sich als giftiges Arsenik (As_2O_3) ab. Ebenfalls zu den personifizierten „Bergunarten" gehörte der Kupfernickel. Minerale mit dieser Bezeichnung konnte der Bergmann leicht für Kupferminerale halten. Erst im 18. Jahrhundert wurde daraus ein neues Metall dargestellt, das dann Nickel genannt wurde.

Tabelle 7: Übersicht der Minerale in hydrothermalen Gängen.

I. Weiße oder hellfarbige, metallisch glänzende Erzminerale (die Eigenfarbe kann durch dunkle Anlauffarben verdeckt sein).

Gediegen Gold, Au: *Goldgelb* mit ebensolchem *glänzendem Strich;* weich, *geschmeidig;* kommt in körniger, blech-, draht- oder moosartiger Form vor.

Gediegen Silber, Ag: *Silberweiß,* aber oft gelb, bräunlich oder schwarz angelaufen; *Strich silberweiß und glänzend;* das Metall ist weich, *geschmeidig* und hämmerbar, bildet blech-, draht-, lockenförmige, dendritische (fein verästelte) oder moosartige Gebilde, seltener derbe Massen.

Gediegen Kupfer, Cu: *Kupferrot* mit gleichfarbigem *glänzendem Strich,* meist nachgedunkelt, mattbraun angelaufen oder von spangrünem Malachit überzogen; weich, *geschmeidig* und biegsam; blech-, drahtförmig oder dendritisch.

Kupferkies: Siehe Tab. 4.

Bornit (Buntkupferkies), Cu_5FeS_4 : *Bronzeartige* bis kupferrote Mineralfarbe, läuft leicht rötlich, violett oder blau an; im Gegensatz zu Magnetkies *unmagnetisch* und *weicher.*

Idait, Cu_5FeS_6 : Ähnlich wie Bornit und tritt als dessen Umwandlungsprodukt auf.

Gediegen Wismut, Bi: *Rötlichsilberweiß,* jedoch oft gelb, grün oder bunt angelaufen; *Strich grau bis silberweiß schimmernd; weich,* mit dem Messer *schneidbar,* aber *spröd,* im Mörser pulverisierbar; vollkommene Spaltbarkeit; blättrig, gestrickt oder beim Federwismut federartig ausgebildet, derb oder körnig.

Wismutglanz, Bi_2S_3 : *Zinnweiß* nach grau, gelbe oder bunte Anlauffarben wie beim Gediegen Wismut; *Strich grau und glänzend;* weich biegsam; sehr vollkommene Spaltbarkeit; bildet radial- und *verworrenstrahlige, büschelig verfilzte Aggregate* oder erscheint *stengelig-spätig;* besitzt große Ähnlichkeit mit Jamesonit, Boulangerit und Antimonit (siehe unten).

Tetradymit, Bi_2Te_2S: *Zinnweiß* bis lichtgrau, oft dunkel angelaufen; *Strich grau und nicht glänzend;* das Mineral ist *mit dem Fingernagel ritzbar;* sehr vollkommene Spaltbarkeit; kommt meist *blättrig* vor.

Pyrit: Siehe Tab. 4.

Markasit, FeS_2 : *Messinggelb* mit Stich ins Graue oder Grünliche; *Strichfarbe schwarz,* nach grün tendierend; mit dem Stahlnagel *nicht ritzbar;* von Pyrit nicht immer zu unterscheiden; typisch sind grobstrahlige bis feinfaserige Krusten und Knollen sowie *hahnenkammartige Aggregate;* Markasit bildet sich im oberflächennahen Milieu bei niedrigen Temperaturen.

Gediegen Arsen (Scherbenkobalt), As: Auf frischem Bruch *zinnweiß* bis bleigrau, sonst matt *grauschwarz angelaufen; Strich schwarz;* weich; meist nierig, glaskopfartig (knollenförmig mit glatter Oberfläche), schalig brechend; beim Anschlagen läßt sich der charakteristische knoblauchartige *Arsengeruch* wahrnehmen.

Arsenkies, FeAsS: *Zinnweiß* bis lichtfahlgrau, grau oder gelb angelaufen; *Strich schwarz; schwer oder nicht ritzbar;* derb oder auf- und eingewachsene Kristalle von säuliger oder *deformiert-oktaedrischer Form;* beim Anschlagen ist knoblauchartiger *Arsengeruch* wahrzunehmen.

Löllingit, FeAs: Sehr ähnlich Arsenkies, etwas weicher; prismatisch säulige Kristalle.

Rotnickelkies, NiAs: *Lichtkupferrot,* grau oder schwärzlich anlaufend; *Strich bräunlich-schwarz;* mit dem Stahlnagel *schwer ritzbar;* meist derb.

Linneit-Mineralreihe, $(Co,Ni,Fe)_3S_4$: *Silberweiß mit Stich ins Rötliche oder Violette,* gelblich anlaufend; *Strich grauschwarz;* wird von Stahl mehr oder weniger *schwer geritzt;* bildet gern Kristalle aus, die ihre *kubische Symmetrie* erkennen lassen.

Kobaltglanz, CoAsS: Ähnelt sehr den Mineralen der Linneit-Gruppe.

Gersdorffit, NiAsS, **Ullmannit,** NiSbS, **Skutterudit,** $CoAs_{3-x}$, **Chloanthit,** $NiAs_{3-x}$: Mineralfarbe *weiß bis grau; Strich grauschwarz;* mit dem Stahlnagel *schwer oder nicht ritzbar;* derb oder idiomorph ausgebildete Kristalle (mit Wachstumsflächen), die dem *kubischen* System angehören.

Safflorit, $CoAs_2$: *Zinnweiß bis grau; Strich grauschwarz;* wird *von Stahl geritzt;* typische Erscheinungsformen sind *gestrickt,* radialstrahlig und faserig. Beim Anschlagen tritt knoblauchähnlicher *Arsengeruch* auf.

Millerit, NiS: *Messinggelb* oder dunkel matt angelaufen; *Strich grünlichschwarz;* vorzugsweise nadelig, haarartig ausgebildet; als Sekundärmineral bei Nickelvererzungen oder auf Kohleflözen.

II. Dunkle, metallisch glänzende Erzminerale in den Farben Oliv, Blau, Grau bis Schwarz, die sich mit dem Stahlnagel leicht ritzen lassen.

Zinnkies (Stannin), Cu_2FeSnS_4 : *Oliv* nach stahlgrau; *Strich schwarz;* spröd; meist derb.
Covellin, CuS: *Stahlblau* bis bläulichschwarz, oft gelb oder rot angelaufen, nach Benetzen mit Wasser sieht das Mineral violett aus; der *Strich* ist *indigoblau bis schwarz* und *schimmernd;* mild (das beim Ritzen losgelöste Material spritzt nicht pulverig fort); die feinblättrigen Kristalle sind biegsam; der Covellin kommt aber meist derb oder als Überzug anderer Kupferminerale vor; typisches Sekundärmineral aus dem Verwitterungsbereich.
Pyrargyrit (Dunkles Rotgültigerz), Ag_3SbS_3 : *Rötlichbleigrau* bis grauschwarz, *an Sprüngen rot* bis purpurn *durchscheinend; Strich dunkelrot;* spröd; kommt meist in Form von aufgewachsenen oder eingesprengten Kristallen vor.
Molybdänglanz, MoS_2 : *Rötlichbleigrau;* der Strich ist *glänzend* bleigrau, *beim Zerreiben* wird eine *schmutzig lauchgrüne* Tönung sichtbar; das Mineral ist *mit dem Fingernagel ritzbar,* fühlt sich fettig an; höchst vollkommene Spaltbarkeit vorhanden; meist in *blättrigen Aggregaten,* die sich unelastisch biegen lassen, auch als feine Imprägnation.
Teallit, $PbSnS_2$: *Schwärzlichgrau; Strich schwarz; mit dem Fingernagel ritzbar;* derb, *blättrig,* schuppig, biegsam.
Franckeit, $5PbS{\cdot}3SnS_2{\cdot}Sb_2S_3$: Sehr ähnlich dem Teallit, aber eventuell nicht mit dem Fingernagel ritzbar.
Antimonit, Sb_2S_3 : Mineralfarbe *bleigrau;* Strich ebenso; *mit dem Fingernagel ritzbar* und unelastisch *biegsam;* typisch sind stengelige, *radial-* und *verworrenstrahlige* oder büschelig verfilzte *Aggregate.*
Jamesonit, $Pb_4FeSb_6S_{14}$: Wie Antimonit, nur etwas dunkler.
Boulangerit, $Pb_5Sb_4S_{14}$: Sehr ähnlich dem Antimonit, jedoch etwas härter und spröder; oft mit mattseidenem Schimmer.
Silberglanz (Argentit), Ag_2S: *Grauschwarz,* mattschwarz oder braun anlaufend; *Strich dunkelgrau* und *glänzend;* das Mineral ist sehr geschmeidig, *schneid- und biegsam;* idiomorphe (mit Wachstumsflächen ausgebildete) Kristalle, die Formen des *kubischen Systems* aufweisen, sowie dendritische und blechartige Bildungen; edles Silbererzmineral der Verwitterungszone.
Stephanit, $5Ag_2S{\cdot}Sb_2S_3$: Ähnlich dem Silberglanz, aber etwas spröder; *Strich schwarz glänzend;* Kristalle haben keine kubische Symmetrie, es treten pseudohexagonale Tafeln oder Säulen als Zwillingsbildungen auf.
Kupferglanz (Chalkosin), Cu_2S: Sehr große Ähnlichkeit mit Silberglanz; *dunkelbleigrau,* läuft matt schwarz an, eventuell mit schimmelig braunem Belag; *Strich dunkelgrau* und *glänzend;* mild (das Ritzpulver springt nicht fort); Kupferglanz wird niedrigthermal sowie als kupferreiches Sekundärmineral gebildet.
Digenit, Cu_9S_5 : Wie Chalkosin, doch auffallend blau und dunkler gefärbt.
Kylindrit, $6PbS{\cdot}6SnS_2{\cdot}Sb_2S_3$ (?): *Dunkelbleigrau; Strich schwarz;* wenig spröde, hämmerbar; die typische Erscheinungsform besteht in *zylindrisch-schaligen* oder sphäroidischen *Aggregaten,* die in Lamellen teilbar sind.
Bleiglanz, PbS: *Rötlichbleigrau,* matt angelaufen; *Strich grauschwarz; vollkommene Spaltbarkeit* nach den Würfelflächen; spätige Massen und idiomorphe (gut ausgebildete) Kristalle mit *kubischer Symmetrie;* auf Störungsflächen gelegentlich glatte, striemige Auswalzungsbildungen als Harnisch (Bleischweif).

Enargit, Cu_3AsS_4 : *Metallisch bis blendeartig glänzend; stahlgrau* bis schwarz mit Stich ins Violettbraune; *Strich grauschwarz;* spröd; *vollkommene Spaltbarkeit;* meist derb, spätig, strahlig oder feinkörnig.

Tetraedrit (Antimonfahlerz), $Cu_3SbS_{3,25}$: *Metallisch bis fahl glänzend; stahlgrau* bis schwarz, in derber Ausbildung *olivenfarben* getönt; *Strich grauschwarz, fein zerrieben braun;* spröd; *muscheliger Bruch;* derb oder Kristalle mit Formen des *kubischen Systems.*

Tennantit (Arsenfahlerz), $Cu_3AsS_{3,25}$: Dem Tetraedrit sehr ähnlich; etwas heller und mit rötlicher Strichfarbe.

Bournonit, $2PbS \cdot Cu_2S \cdot As_2S_3$: *Stahlgrau bis schwarz; grauer Strich;* den Fahlerzen ähnlich, aber weniger spröd; *muscheliger Bruch;* meist derb.

III. Braune, rote und gelbe Minerale mit fettigem, diamantartigem, halbmetallischem bis metallischem Glanz, deren Strichfarbe mit der Mineralfarbe übereinstimmt und die sich mit dem Stahlnagel leicht ritzen lassen. (Beachte auch IV!)

Zinkblende, ZnS: Gelb, rot, *braun* bis schwarz, Farbtiefe mit dem Eisengehalt zunehmend; blendeartiger halbmetallischer Diamantglanz; *Strich etwas heller* als Eigenfarbe; *sehr vollkommene Spaltbarkeit* nach den Tetraederflächen; derbe spätige oder körnige Massen und idiomorphe (ausgebildete) Kristalle mit *kubischer Symmetrie.*

Wurtzit, ZnS: Ähnlich der Zinkblende; Kristalle selten und nicht kubisch; meist in nierig traubigen oder krustigen Sekundärbildungen mit faserig strahligem oder feinem schaligem Aufbau.

Cuprit, Cu_2O: Rot bis *braunrot;* derb, körnig oder nadelig, haarig büschelig verfilzt; kupferreiches Sekundärmineral der Verwitterungszone.

Proustit (Lichtes Rotgültigerz), Ag_3AsS_3 : Ähnlich Pyrargyrit (Tab. 7, II), aber heller; zinnoberrot; spröd.

Zinnober (Cinnabarit), HgS: Zinnoberrot oder durch Bitumenbeimengung bis schwarz; *Strich zinnoberrot;* mild (beim Ritzen springt kein feines Pulver fort).

Realgar, As_4S_4 : *Rot bis rotorange; Strichfarbe orangegelb; mit dem Fingernagel ritzbar; vollkommene Spaltbarkeit* vorhanden; bei niedrigen Temperaturen sowie in der Verwitterungszone gebildet.

Auripigment, As_2S_3 : *Zitronengelb;* sonst ähnlich Realgar.

IV. Dunkle, braune und rote Minerale mit metallischem oder halbmetallischem Glanz, die sich in Kristallen und festen Aggregaten weniger leicht oder nicht ritzen lassen. (Die Mineralausbildung kann jedoch locker erdig, fein nadelig oder schuppig sein.)

Zinnstein, SnO_2 : Siehe Tab. 5, V; *Strich weiß bis bräunlichgelb;* im hydrothermalen Bildungsbereich ist die Kristallausbildung eher langsäulig bis nadelig (**Nadelzinn**); bei niedriger Temperatur entstehen schließlich holzbraune, konzentrisch schalige, feinfaserige Massen (**Holzzinn**).

Wolframit, $(Mn,Fe)WO_4$: Siehe Tab. 5, V; *Strich schwärzlichbraun;* auf hydrothermalen Gängen ist die Kristalltracht tafelig. Das Mineral kann mit Braunit (vgl. unten) verwechselt werden. Wolframit besitzt gelegentlich deutlich magnetische Eigenschaften.

Uraninit, UO_2 : Siehe Tab. 5, IV.

Hämatit, Fe_2O_3 : Siehe Tab. 4; *Strich rot;* in gut kristallisierter Form sind frei gewachsene, rosenartige Aggregate (**Eisenrose**) typisch; sonst derbe blättrige, schuppige oder erdige Massen, radialfaserige, nierig traubige, kugelige oder krustenförmige Bildungen mit glatter Oberfläche (**Roter Glaskopf**) und Imprägnationen.

Brauneisen (Limonit, vorherrschend **Goethit),** FeOOH: *Gelbbraun bis schwärzlichbraun; Strich bräunlichgelb bis braun;* spröd; prismatisch nadelige (**Nadeleisen**) oder pseudohexagonal tafelige Kristalle; meist jedoch erdig oder als nierigtraubig krustige Massen mit faserigem Bruch und glatter Oberfläche (**Brauner Glaskopf**) ausgebildet.

Pyrolusit, MnO_2 : Dunkelgrau bis *schwarz; Strich schwarz;* körnige Massen, dicht, feinstkristallin bis locker, erdig, strahlig oder verworren faserig; Mineral der Oxidationszone.

Schwarzer Glaskopf: Nierig traubige Massen mit glatter Oberfläche; *Strichfarbe schwarz bis schwärzlichbraun;* besteht aus Mineralen wie Kryptomelan und Pyrolusit.

Manganit, MnOOH: *Braunschwarz* mit *rötlichbraunem bis dunkelbraunem Strich; läßt sich mit dem Stahlnagel ritzen;* vollkommene Spaltbarkeit. Es treten Gruppen von prismatischen, pseudorhombischen Kristallen auf, oder die Ausbildung ist stengelig, radial- und wirrstrahlig. (Typische Manganitkristalle sind gelegentlich unter Erhaltung ihrer Form in Pyrolusit umgewandelt.)

Braunit, $Mn^{II}Mn_6^{IV}[O_8 \mid SiO_4]$: *Eisenschwarz bis bräunlichschwarz; Strich bräunlichschwarz, fast schwarz;* mit dem Stahlnagel *nicht ritzbar; magnetisch.*

Hausmannit, Mn_2MnO_4 : Halbmetallischer Glanz; *eisenschwarz mit Stich ins Braune; Strich rötlichbraun;* mit dem Stahlnagel *schwer ritzbar; magnetisch.*

V. Nichtmetallisch glänzende Minerale der Gangausfüllungen (Gangarten).

Quarz: Siehe Tab. 5, I. In den hochtemperierten Gängen, die Gold enthalten können, kommen grobkristalline, derbe und kaum lagige Quarzmassen vor. Darin sind Drusen selten und sehr klein. Die normale Quarzausbildung der hydrothermalen Gänge mittlerer Bildungstemperatur besteht aus grobstengeligen, milchig trüben Säulenkristallen (**Milchquarz**) oder zonar aufgebauten Aggregaten, bei denen nur die Kopfflächen frei sind. Typisch für niedrigthermale Entstehung sind feinstkristalline bis dichte Quarzlagen, die mit **Chalzedon**bändern (Chalzedon ist kryptokristalliner Quarz) und Drusen abwechseln. Manche Gang- und Blasenausfüllungen, die mit vulkanischen und subvulkanischen (in der Erdkruste steckengebliebenen) Gesteinskörpern in Zusammenhang stehen, besitzen die violette Quarz-Varietät **Amethyst.**

Calcit, Dolomit und **Siderit:** Siehe Tab. 6, I.

Ankerit (Braunspat), $CaFe[CO_3]_2$: Weißlich, gelblich oder andersfarbig, in angewittertem Zustand schokoladenbraun; *vollkommene Spaltbarkeit;* mit dem Stahlnagel *leicht ritzbar; braust mit heißer verdünnter Salzsäure.*

Rhodochrosit (Manganspat), $MnCO_3$: *Rosa* oder durch Verunreinigungen grau bis schwarz; *vollkommene Spaltbarkeit;* mit dem Stahlnagel *ritzbar; braust mit heißer verdünnter Salzsäure.*

Flußspat, CaF_2 : Gelb, *grün, violett* bis schwarz, seltener farblos oder andersfarbig; *vollkommene Spaltbarkeit* nach dem Oktaeder; mit Stahl *ritzbar;* Drusenhohlräume

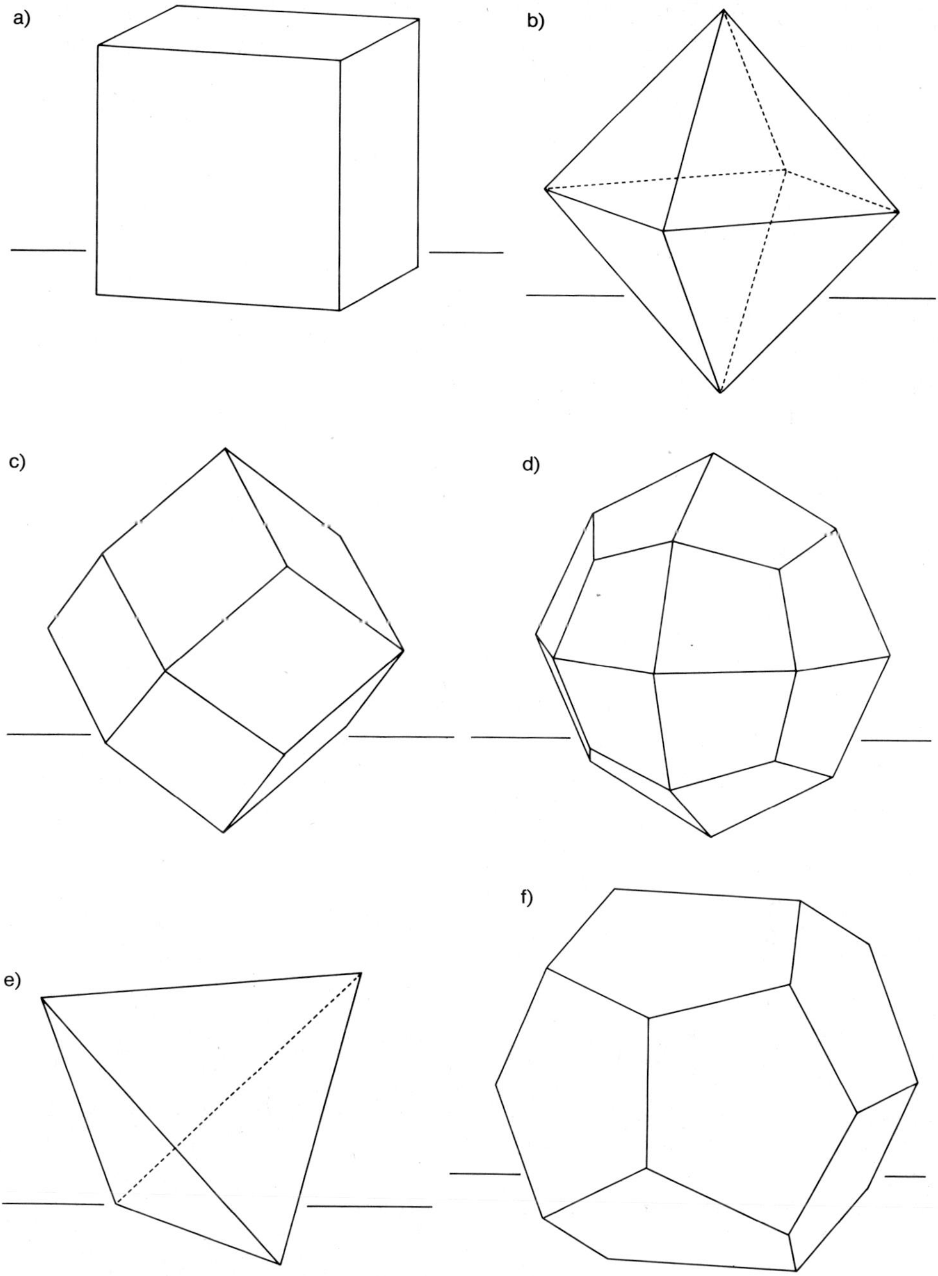

Abb. 26. Einfache Kristallformen aus dem kubischen System.
a) Würfel (häufige Habitusform z. B. bei Bleiglanz, Pyrit, Flußspat, Steinsalz).
b) Oktaeder (häufige Habitusform z. B. bei Spinell, Magnetit, Chromit).
c) Rhombendodekaeder (Granatoeder) (häufige Habitusform z. B. bei Granat).
d) Deltoidikositetraeder (Leucitoeder) (häufige Habitusform z. B. bei Granat, Leucit).
e) Tetraeder (häufige Habitusform z. B. bei Fahlerz, Zinkblende).
f) Pentagondodekaeder (Pyritoeder) (häufige Habitusform z. B. bei Pyrit).

mit idiomorphen Kristallen, die Würfel oder Oktaederflächen ausgebildet haben. Schwarzer Flußspat, dessen Kristallgitter durch die von vergesellschaftetem Uraninit ausgehende radioaktive Strahlung gestört ist, stinkt beim Anschlagen.
Baryt: Siehe Tab. 6, I.
Anhydrit, $CaSO_4$: Farblos, weiß, grau oder bläulich; die *pseudokubische Spaltbarkeit* ist charakteristisch; mit Stahl *leicht ritzbar.*
Coelestin, $SrSO_4$: Farblos, weiß oder noch typischer *bläulich; vollkommene Spaltbarkeit;* wird von Stahl *leicht geritzt;* selten auf Erzgängen.

VI. Erdige oder schuppige Umwandlungsminerale des Nebengesteins.
Serizit (feinschuppiger Muskovit): Siehe Tab. 5, I.
Chlorit und **Talk:** Siehe Tab. 3.
Tonminerale: Grau oder durch Beimengungen verschieden gefärbt, erdig, feucht plastisch knetbar; das Material fühlt sich seifig oder fettig an; *mit dem Fingernagel ritzbar,* und mit seiner Rückseite läßt sich ein *glänzender Strich* auf dem Material erzeugen.

Für den Erzsammler besitzen die Paragenesen oder Mineralgesellschaften aus den bisher behandelten Erz- und Begleitmineralen das höchste Interesse. Der hydrothermale Bereich wird in einer Erzsammlung vorwiegend durch Gangstufen vertreten sein, die immer eine Hauptattraktion darstellen. Als Einteilungsgrundlage bieten sich die Vererzungstypen an, die aus der Natur abgeleitet werden können. Eine wichtige Rolle spielt die Bildungstemperatur, so daß wir *katathermale* (hochtemperierte), *mesothermale* (mitteltemperierte) und *epithermale* (niedrigtemperierte) Erzgänge unterscheiden können.
Diese thermische Zonierung ist am deutlichsten bei hydrothermalen Gängen ausgeprägt, die mit einem Tiefengesteinskörper im Zusammenhang stehen. Im vertikalen Gangverlauf, der mehrere Kilometer mißt, konnten sich eventuell von katathermalen zu epithermalen Bildungen mehrere Erzstockwerke übereinander anlegen. Eine entsprechende Zonengliederung beobachtet man noch besser in Horizontalschnitten mit zunehmender seitlicher Entfernung vom Pluton, etwa von Granitkuppeln. Das Gegenstück zum *plutonischen* Vererzungstyp stellt der *subvulkanische* Typ dar, bei dem der Magmenkörper als Erzbringer in den Bereich der obersten 2 km der Erdkruste vorgedrungen ist.
Unter solchen Verhältnissen ist der Temperaturabfall im Gangsystem sehr steil. Die beim plutonischen Typ gut gesonderten temperaturbedingten Paragenesen erscheinen wie die Rohre eines Teleskopes ineinander geschoben. Man spricht deshalb von einem Telescoping-Effekt. Im ganzen verschiebt sich die Erzausscheidung in den epithermalen Bereich.
Beginnen wir nun mit den einzelnen Erzformationen. Gerade im Gangerzbergbau spielen die Edelmetalle Gold und Silber eine hervorragende Rolle. Das gilt besonders für frühere Zeiten, in denen der Schatz eines Staates in Metallwährung bestand. In diesem Zusammenhang sei daran erinnert, daß die Münzbezeichnung „Taler“ sich von St. Joachimsthaler, d. h. vom geprägten Silber aus St. Joachimsthal im Erzgebirge, ableitet. Wie sehr Bergbau mit Gold- und Silberförderung gleichgesetzt wurde, erfahren wir aus Bergmannssagen und -liedern.
Das Gold hat in der plutonischen Abfolge seinen festen Platz im katathermalen Be-

Abb. 27. Gediegen Wismut, auffällig durch starken metallischen Glanz und „gestricktes" Gefüge, zusammen mit Quarz. Fundort: Rézbánya, Siebenbürgen.

reich in den **„alten" Goldquarzgängen.** Zu diesem Typ gehören die Gänge bei Brandholz-Goldkronach im Fichtelgebirge. Als Mineral kommt das **Gold** (s. Farbtaf. I, Bild 3) überwiegend gediegen vor mit geringen Mengen beilegiertem Silber, so daß es in Körnern seine typische „goldgelbe" Farbe besitzt (siehe Tab. 7, I). Die Hauptmasse des Erzes besteht aus derbem katathermalem Quarz, dessen Ausbildung mit der des Bayerischen Pfahls übereinstimmt, eines verquarzten Gangzuges, der sich in gewaltiger Erstreckung durch Pfälzer-, Bayerischen- und Passauer Wald

Abb. 28. Arsenkies in kurzsäuligen, pseudorhombischen Kristallen auf einer Mineralstufe von Trepča, Jugoslawien. Die Kristallflächen, auf die geblickt wird, lassen ihre typische Streifung deutlich erkennen.

hinzieht. In subvulkanischen Vererzungen ist das Gold mit Silber vergesellschaftet. Entsprechend bildet das dort vorkommende elementare Freigold eine silberreiche Legierung, die weiß ist und **Elektrum** genannt wird. Ein weiterer Teil des Goldes steckt in **Gold-Silber-Telluriden.**

Das Silber werden wir bei den folgenden Formationen mitbetrachten. So finden wir es in einer reichen Elementassoziation mit Kobalt, Nickel, Wismut und Uran. Die letztgenannten Elemente beginnen ihre Mineralausscheidung im katathermalen Bereich mit **Kobalt-Nickel-Arseniden, Wismut** (Abb. 27) und **Wismutglanz** (alle Tab. 7, I) sowie **Uraninit** (Tab. 5, IV). Neben **Gediegen Silber** (Tab. 7, I) spielen **Silber-Arsen-Antimon-Sulfide,** zu denen die **Rotgültigerze** (Tab. 7, II u. III) gehören, eine Rolle als Silberminerale. Ein Hervortreten der Arsenkomponente in den *Ag-Co-Ni-Bi-U-Formationen* zeigt sich darin, daß **Gediegen Arsen (Scherbenkobalt)** und **Arsenkies** (beide Tab. 7, I) als Begleitminerale vorkommen (s. Abb. 25, Seite 48, und Abb. 28). Klassische (Silber-)Lagerstätten mit der genannten Elementgesellschaft liefert der Erzbezirk im westlichen Erzgebirge mit Schneeberg, Johanngeorgenstadt und St. Joachimsthal. Weitere Beispiele sind St. Andreasberg im Harz und Kongsberg in Norwegen.

Eine zweite wichtige Gruppe von Silbererzgängen gehört den *Blei-Silber-Zink-Formationen* an, deren Bildungsschwerpunkt im mesothermalen Bereich liegt. Hauptminerale sind **Bleiglanz** (Tab. 7, II) und **Zinkblende** (Tab. 7, III). Die Silbergehalte stecken zum einen Teil in diesen Mineralen und dem begleitenden **Fahlerz** (Tab. 7, II) (s. Abb.23), zum anderen in mikroskopisch feinen Beimengungen eigener Silbererzminerale. Welche zumindest geschichtliche Bedeutung den Blei-Zink-Erzgängen zukommt, erhellt daraus, daß sich in zwei entsprechenden Lagerstättenbezirken in Deutschland, nämlich in Freiberg in Sachsen und im Oberharz in Clausthal-Zellerfeld, ein Zentrum der Bergbaukultur und Lagerstättenforschung herausbildete.

Abb. 29. Schalenblende (Wurtzit oder Zinkblende, ursprünglich kolloidal ausgeschieden). Fundort: Raibl, Italien.

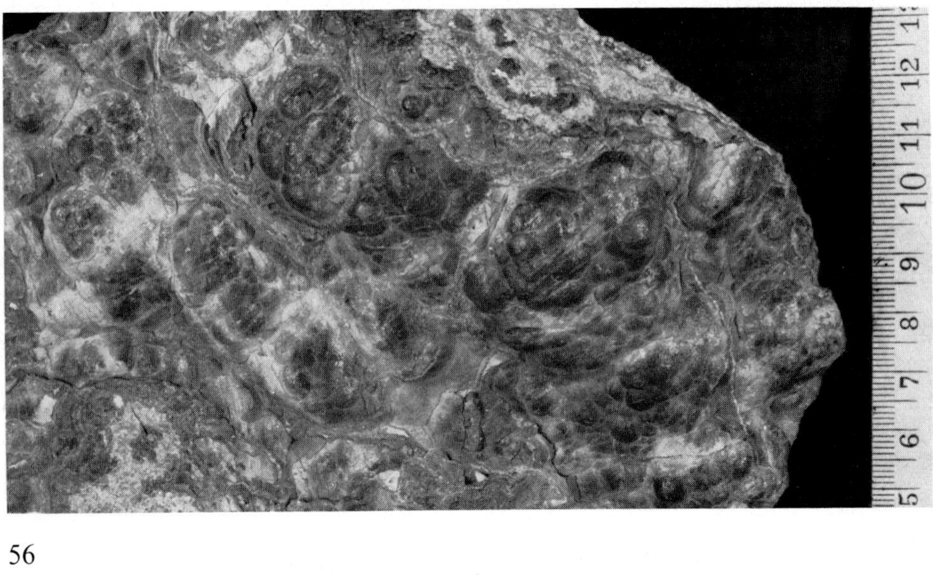

Unter den Blei-Zink-Gängen gibt es auch solche mit ganz niedriger Bildungstemperatur. Die Zinkblende ist dabei eisenarm und entsprechend hell gefärbt. Außerdem sind Gelstrukturen, die sich in der **Schalenblende** (Tab. 7, II) äußern, verbreitet (s. Abb. 29). Außer Spaltengängen gehören hierher horizontale Erzablagerungen auf Höhlenböden und Verkittungen von Einsturzbreccien, wie sie in manchen verkarsteten und dann vererzten Karbonatgesteinen auftreten.
Zu den bisher genannten, eventuell stark silberhaltigen Formationen tritt eine weitere Gruppe, die ganz typisch für die subvulkanische Abfolge ist. Sie ist durch die ungewöhnliche Elementassoziation Zinn, Silber, Wismut und Wolfram gekennzeichnet. Dazu gesellt sich Blei. Während Zinn und Wolfram normalerweise, das heißt in der plutonischen Abfolge, im pneumatolytischen Stadium ausgeschieden werden, reichen sie hier aufgrund des Telescoping-Effektes bis in die epithermale Zone hinein. So treffen z. B. Zinn und Blei zusammen und bilden komplexe gemeinsame Minerale wie **Teallit, Franckeit** und **Kylindrit** (Abb. 30) (alle drei Minerale in Tab. 7, II). Kupfer, Eisen und Zinn bilden miteinander den **Zinnkies** (Tab. 7, II). Außerdem bleibt der **Zinnstein** (Tab. 5, V und 7, IV) ein wichtiges Zinnmineral. Die niedrige Bildungstemperatur äußert sich bei ihm in nadeligem Habitus (**Nadelzinn**) oder sogar kolloidaler Ausscheidung (**Holzzinn**). Entsprechend zeigt der begleitende Wolframit tafelige Kristalltracht. Typische Lagerstätten der *Sn-Ag-Bi-W-Formationen* liegen in Bolivien, die berühmteste davon ist Potosi.
Nach Gold und Silber war, vor allem im alten Gangerzbergbau, Kupfer das begehrteste Metall. Als hauptsächliches Wertelement kommt es in den *Kupfer-* und *Kies-(Pyrit)-Formationen* vor. Bei diesen treten gegenüber den einfachen Spaltengängen Verdrängungskörper im Nebengestein sowie Imprägnationen und Ausscheidungen auf feinsten Klüften desselben oder eines erzbringenden vulkanischen Gesteins in den Vordergrund. Unter hochtemperierten Bildungsbedingungen sind meist **Kup-**

Abb. 30. Kylindrit in Form von zylindrisch-schaligen Aggregaten. Fundort: Poopo, Bolivien.

ferkies und **Pyrit** (beide Tab. 4) die wesentlichen Erzminerale. Bei niedrigerer Temperatur treten weitere Kupferminerale als Umwandlungsprodukte der ersteren oder als Neubildungen auf. Es sind **Bornit** (Tab. 7, I), **Digenit** und **Kupferglanz** (beide Tab. 7, II). In den *Kupfer-Arsen-Lagerstätten* erlangen die arsenhaltigen Kupferminerale **Enargit** und **Tennantit (Arsenfahlerz)** (beide Tab. 7, II) an Bedeutung. Entsprechend ist in den Fahlerzgängen mit **Tetraedrit (Antimonfahlerz)** (Tab. 7,II) (s. Abb. 23) Antimon eine wesentliche chemische Komponente. Dieser Sondertyp zeichnet sich durch einen gewissen Quecksilbergehalt im Tetraedrit aus.
Ganz niedrige Bildungstemperaturen innerhalb der hydrothermalen Entwicklung bestimmen die *Antimon-Quecksilber-Arsen-Selen-Formationen*. Darin sind die ge-

Abb. 31. Antimonit (Grauspießglanz), eingewachsen in Quarz. Das Erzmineral bildet radialstrahlige Büschel aus langsäuligen Kristallen, die wellig verbogen sind. Fundort: Caylloma Peru.

nannten Elemente, die meist in Kombinationen vorkommen, hauptsächlich durch folgende Minerale vertreten: Antimon durch **Antimonit** (Tab. 7, II) (s. Abb. 31), Quecksilber durch **Zinnober** (Tab. 7, III) (Farbtaf. II, Bild 5), Arsen durch **Realgar** und **Auripigment** (beide Tab. 7, III) (Farbtaf. II, Bild 4) sowie Selen durch den bleiglanzähnlichen **Clausthalit,** PbSe. In den Antimonitvererzungen bildet die Bleikomponente gern komplexe **Pb-Sb-Sulfidminerale,** die wie der **Grauspießglanz (Antimonit)** eine strahlige oder büschelig verfilzte Ausbildung besitzen und deshalb auch **Bleispießglanze** genannt werden. Dazu gehören **Boulangerit** und **Jamesonit.**
Damit haben wir die wichtigsten hydrothermalen Erztypen mit vorwiegend sulfidischen Erzmineralen bzw. gediegenen Metallen kennengelernt. Wir wenden uns jetzt den oxidischen *Eisen-* und *Manganerzgängen* zu, die zu den Gangarten überleiten.
Die in oxidischer Bindung vorkommenden Elemente Eisen und Mangan bilden entweder die Karbonate **Siderit** (Tab. 6, I) bzw. **Rhodochrosit** (Tab. 7, V) (Farbtaf. II,

Abb. 32. Manganit in derber Ausbildung mit aufgewachsenen, stengeligen Kristallen. Fundort: Ilfeld, Harz.

Bild 3) oder mehr oder weniger ausgesprochene Oxidminerale wie **Hämatit, Pyrolusit** (Abb. 43), **Kryptomelan, Manganit** (Abb. 32), **Braunit** und **Hausmannit** (alle Tab. 7, IV). Innerhalb einer Gangspalte kommen meist sowohl Eisen- als auch Manganerze vor, die jedoch räumlich geschieden sind. Lagerstättenkundlich bekannte Beispiele sind die Siegerländer Spateisensteingänge, für Roteisengänge die Knollengrube bei Bad Lauterberg im Harz und für Manganerzgänge Ilfeld im Harz, das vor allem wegen seiner Stufen mit Manganit berühmt ist. Die nichtkarbonati-

Abb. 33. Quarzstufe aus einem hydrothermalen Gang. Bei dem abgebildeten Typ sind nur die Kopfflächen frei ausgebildet. Das Mineral ist milchig-trüb mit erkennbarem Zonarbau. Fundort: Gegenthal-Wittenberger Gangzug bei Wolfshagen, Harz.

schen Eisen- und Manganerze sind häufig mit niedrigthermal gebildetem Baryt vergesellschaftet. In dieses Bild paßt die dann meist vorherrschende kolloidale Ausscheidungsweise der Oxidminerale als **Roter Glaskopf** (Abb. 24) oder **Schwarzer Glaskopf** (beide Tab. 7, IV).

Die bislang behandelten Erzformationen besitzen außer ihren Erzmineralen meist eine Gangart aus ein oder mehreren Mineralen. Über den gesamten hydrothermalen Temperaturbereich ist **Quarz** (Abb. 33) verbreitet, allerdings in verschiedenen Ausbildungsformen, die in Tab. 7, V beschrieben sind. Auch die Karbonate reichen vom katathermalen bis zum epithermalen Bereich, wobei für die höheren Bildungstemperaturen **Ankerit** und **Siderit** typisch sind, dagegen reiner **Kalkspat** unter abgekühlteren Bedingungen entsteht.

Als wichtigere Gangarten sind noch **Flußspat** (Farbtaf. II, Bild 1) und **Schwerspat** (Abb. 34) zu nennen. Von beiden bevorzugt der Flußspat, der als Fluormineral schon im pneumatolytischen Bereich heimisch ist, den oberen Teil des hydrothermalen Temperaturintervalls. Damit steht im Einklang, daß er in den höherthermalen Ag-Co-Ni-Bi-U-Formationen als wichtiges Begleitmineral verbreitet ist. Dort begegnet uns auch dunkelvioletter bis schwarzer Flußspat, der durch die radioaktive Strahlung des in die Mineralgesellschaft gehörenden Uraninits verändert ist. In meso- bis epithermalen Gängen oder wo im selben Gang kühlere Nachphasen auf höher temperierte Mineralisationen folgen kommen Flußspat und Schwerspat nicht selten gemeinsam vor. Im übrigen ist Schwerspat eine charakteristische Gangart kühler und weit vom erzbringenden Pluton entfernter Hydrothermen.

In den erzfreien Formationen füllen die Gangarten mehr oder weniger allein die Gangspalte aus. Während Quarz und die Karbonate, abgesehen von Siderit und Rhodochrosit, aus solchen Vorkommen kaum eine wirtschaftliche Bedeutung besitzen, liefern Flußspat- und Schwerspatgänge gesuchte Lagerstätten.

Abb. 34. Tafelige Barytkristalle in fächerartigen Aggregaten aus einem Barytgang. Darauf aufgewachsen war usprünglich Siderit, der in Brauneisen umgewandelt ist. Fundort: Steinbruch Glückauf im Bereich des Hüttschenthal-Spiegelthaler-Gangzugs bei Wildemann, Harz.

Grubenfahrt ins Bergwerk, Sammeln auf Halden und Aufsuchen von Erzausbissen

Eine Möglichkeit des Erzabbaus ist der Tagebau. Er bietet sich vor allem dann an, wenn ein Erzkörper an der Erdoberfläche als ausgedehnte Masse in Erscheinung tritt. Mit fortschreitendem Abbau in die Tiefe werden die Verhältnisse meist ungünstiger, da zur Wahrung einer bestimmten Querschnittsform an den Seiten mehr und mehr Nebengestein als Abraum fortgeschafft werden muß.

Bei den hydrothermalen Erzgängen können wir von der Grundvorstellung ausgehen, daß sich ein hochwertiges Erz in Form einer schräg gestellten Platte auf einen schmalen, flächenhaft ausgedehnten Raum konzentriert, der sich horizontal in der Streichrichtung und im Einfallen zur Teufe (bergmännisch für Tiefe) hin erstreckt (s. Abb. 38, Seite 65). Ein Erzabbau am Ausbiß (Abb. 35, S. 62) solcher Gänge an der Tagesoberfläche wird deshalb immer nur ein bescheidenes Ausmaß erreichen. Allerdings wurde in alten Bergbauperioden dieser Weg meist zuerst eingeschlagen.

Noch aus einem anderen Grunde finden wir fast allgemein in den Erzbezirken den Verlauf der Gänge im Gelände durch runde Vertiefungen, *Pingen* genannt, und langgestreckte *Schurfgräben* markiert. Diese bergmännischen Anlagen dienten weniger der direkten Erzgewinnung als der Erkundung, wie der Erzkörper in dem jeweiligen Abschnitt ausgebildet ist, d. h. ob er Erz enthält oder vertaubt ist. Qualität und zu erwartende Menge des Erzes entschieden über den Abbau. Heutzutage werden die Lagerstätten hauptsächlich nach dem aus *Untersuchungsbohrungen* gewonnenen Material beurteilt.

Um die Hauptmenge des Erzes aus geringmächtigen Gängen und anderen in einer Richtung wenig ausgedehnten oder kompliziert aufgebauten Erzkörpern zu gewinnen, wird seit alters her der *Tiefbau* angewandt; denn er gestattet einen weitgehend selektiven Abbau der erzhaltigen Partien. Wir müssen uns vorstellen, daß ein unterirdisches Hohlraumsystem angelegt wird, das mit seinen Zugängen und Verbindungen zum Teil im Nebengestein liegen kann und sonst mit der unmittelbaren Erzgewinnung im Erzkörper selbst erweitert wird. Das Ganze stellt das *Grubengebäude* dar, das in diesem Sinne nichts mit den verschiedenen Häusern auf dem Bergwerksgelände zu tun hat.

Dem Nichtbergmann werden viele Ausdrücke, die er während einer *Grubenbefahrung* hört, zunächst fremd sein; doch er kann eigentlich immer damit rechnen, daß er einen sachkundigen Führer zur Seite hat, der ihm nicht nur die geologischen Verhältnisse der Grube und die Besonderheiten des angewandten Gewinnungsverfahrens erklären wird, sondern auch mit freundlicher Geduld über anfängliche Ungeschicklichkeiten im Verstehen und Anwenden der bergmännischen Fachsprache hinweghilft. Bereits das Wort „Befahrung“ darf nicht mißverstanden werden; denn es bedeutet nicht die Benutzung von Fahrzeugen irgendwelcher Art wie Grubenbahnen, Autos oder Förderkörben. Man fährt auch zu Fuß ein und dann wieder aus. Wenn in vertikaler Richtung auf Leitern auf- oder abgestiegen werden muß, heißen diese richtig *„Fahrten“*, die „befahren“ werden. An diesem Punkt zeigt sich bereits, daß für das Programm einer Befahrung bei manchen Gruben die körper-

Abb. 35. Ausbiß des Schulenberger Ganges bei Oberschulenberg, Harz. Die reichen Partien des Blei-Zinkerzes sind durch den ersten, „mäusefraßartigen" Bergbau ausgeräumt. Stehengeblieben sind die Teile aus Gangart. Dabei handelt es sich um Karbonate und Quarz. Bänderung und Form der Gangartrippe entsprechen dem steilen Einfallen des Ganges nach SSW.

liche Leistungsfähigkeit und eventuell auch Schwindelfreiheit die ausschlaggebende Rolle spielt. Da gelegentlich beide Hände zum Festhalten gebraucht werden, benötigen wir, falls wir noch Proben sammeln wollen, in solchen Fällen eine Umhängetasche oder einen Rucksack, die keinesfalls übermäßig gefüllt werden dürfen.
Die Hauptschwierigkeit besteht allerdings zunächst einmal darin, überhaupt als Besucher an einer Grubenbefahrung teilnehmen zu dürfen, da sie, abgesehen vom Sicherheitsrisiko, für einen Betrieb immer mit gewissen Opfern und viel Umstand verbunden ist. Um aber doch jedem einen Einblick in ein Bergwerk zu geben, gibt es spezielle Gruben oder Teile davon, in denen ein regelmäßiger Führungsdienst eingerichtet ist. Es fallen mir da z. B. das Salzbergwerk in Garmisch-Partenkirchen und die Sala-Silbergrube in Schweden ein. Führungen in die schwedische Eisenerzgrube von Kiruna und ebenso für die Blei-Zink-Erze fördernde Grube „Hilfe Gottes“ in Bad Grund (Harz) organisieren die örtlichen Fremdenverkehrsbüros.

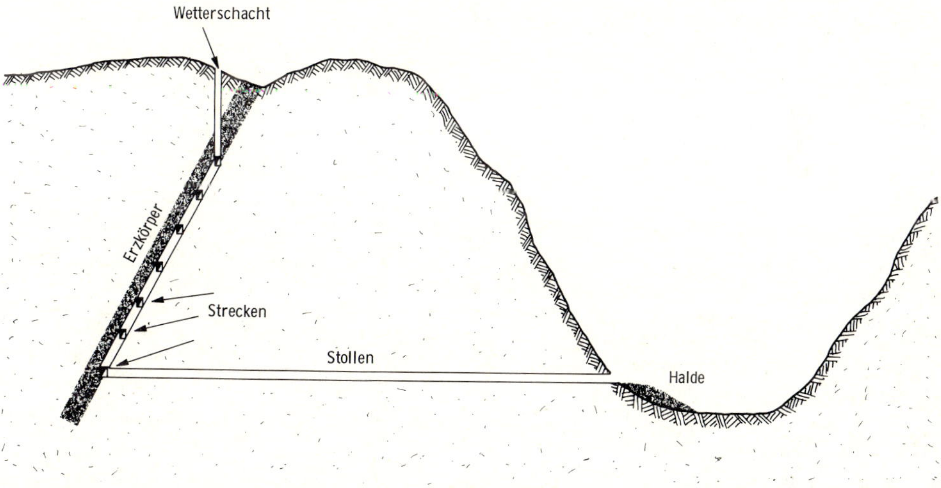

Abb. 36. Schema für den Abbau einer Ganglagerstätte, die durch einen Stollen aufgefahren wurde.

Konzentrieren wir uns nun auf den Gangerzbergbau, damit wir die Gefüge der hydrothermal gebildeten Erze näher kennenlernen. Nebenbei werden wir den äußeren Ablauf einer Grubenfahrt schildern. Meist bekommen wir zunächst eine Einführung in Form eines Vortrages geboten. Anhand von geologischen Karten werden Bildung und Aufbau der Lagerstätte erklärt. Dann erfahren wir, wie das Grubengebäude angelegt ist. Die Bezeichnung der einzelnen Teile in der jeweiligen Grube ist für die Lokalisation der Proben wichtig. Auf dem Grubenriß können wir uns auch den geplanten Weg der Befahrung zeigen lassen.
Damit zum genau festgelegten Zeitpunkt eingefahren werden kann, kleidet sich die Gruppe der Teilnehmer rechtzeitig in der dafür eingerichteten Räumlichkeit, der Kaue, um. Wir legen das Grubenzeug an. Der Kauenwärter hilft uns beim Aussuchen der passenden Sicherheitsschuhe. Eventuell muß der Grubenhelm auf unsere Kopfgröße eingestellt werden. Dann erhalten wir das „Geleucht“, heutzutage meist eine elektrische Grubenlampe mit Akku, die von ihrem Platz in der Ladestation ge-

nommen wird. Seltener sind noch Acetylenlampen im Betrieb. Unter Tage werden wir überrascht sein über den hellen Schein der Lampen, der die geologischen Einzelheiten erkennen und das Erz glitzern und glänzen läßt. Falls es die Vorschrift verlangt, bekommt schließlich jeder ein Atemschutzfilter, das uns im Notfall vor dem Ersticken durch Brandgase retten soll.

Dann endlich ist es soweit, das Einfahren beginnt. Ein Gefühl der Spannung und Erwartung hat sich unser bemächtigt. Was wir nun erleben, hängt sehr von der Anlage des Bergwerkes ab. In Gebirgsgegenden mit stark eingeschnittenen Tälern finden wir unter Umständen Stollenbetriebe, bei denen man den Erzkörper von der Talflanke aus auf einer horizontalen Zufahrtsstrecke, dem *Stollen* (Abb. 36), erreicht. Diese Betriebsart war im alten Oberharzer Bergbau sehr verbreitet. Zur Erinnerung sind uns sorgfältig aus Grauwackenquadern gemauerte Stollenmundlöcher verblieben. Eine Abwandlung der Stollen sind *tonnenlägige Schächte* (Abb. 37), die schräg abwärts führen. Diese werden jedoch verhältnismäßig selten angelegt. Am verbreitetsten sind wohl *Schachtanlagen* mit Seilbetrieb, bei denen die Personen- oder Materialförderung zwischen der Erdoberfläche und den darunter gelegenen Niveaus, den *Sohlen,* vertikal geschieht (s. Abb. 38). Sie geben mit ihren charakteristischen Fördertürmen den Bergwerksanlagen schon von außen ihr Gepräge. Während wir durch den Stollen allmählich in den Berg vordringen, geht es bei der Seilfahrt wie in einem überdimensionalen Fahrstuhl rasend schnell senkrecht in die Tiefe. Das Bestellen des Förderkorbes und die Angabe des gewünschten Zieles erfolgen durch ein festgelegtes mehrfaches Glockensignal, das „Anschlagen". Nachdem wir die Sohle, die befahren werden soll, erreicht haben, alle ausgestiegen sind und der Korb verriegelt ist, wird wieder ein entsprechendes Signal gegeben.

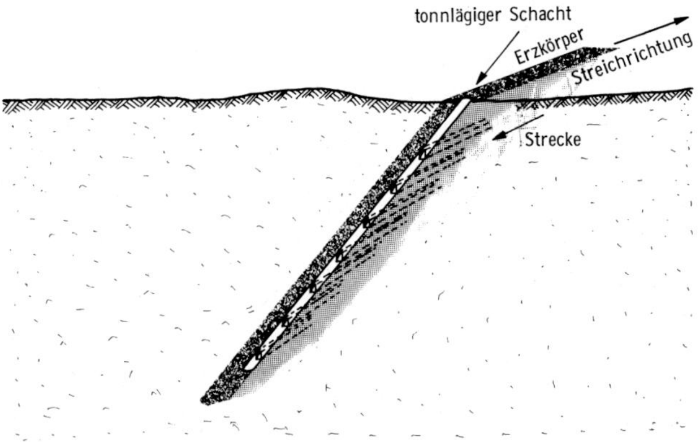

Abb. 37. Grube mit tonnlägigem Schacht in einem gangförmigen Erzkörper.

Von nun an geht es wie bei einer reinen Stollenbefahrung weiter. Im Normalfall gehen wir zu Fuß, um das anstehende Gestein und Erz überall betrachten zu können. Dort wo es locker ist, wird es jedoch durch den Ausbau mit Holz, Stahl oder Beton verdeckt sein. Wenn eine Grubenbahn betrieben wird, was uns gleich am Gleiskörper und dem Oberleitungsdraht auffällt, dann kann uns diese eventuell zur Zeitersparnis über eine größere Entfernung befördern. In sehr geräumigen und ausgedehnten Gruben werden meist geländegängige Kraftfahrzeuge für die Anfahrt zu den bemerkenswerten Punkten benutzt.

Abgesehen von unseren eigenen Transportproblemen, bemerken wir auch einiges von der Beförderung des Erzes. Seltener treffen wir noch die „Hunde", kleine Erz-

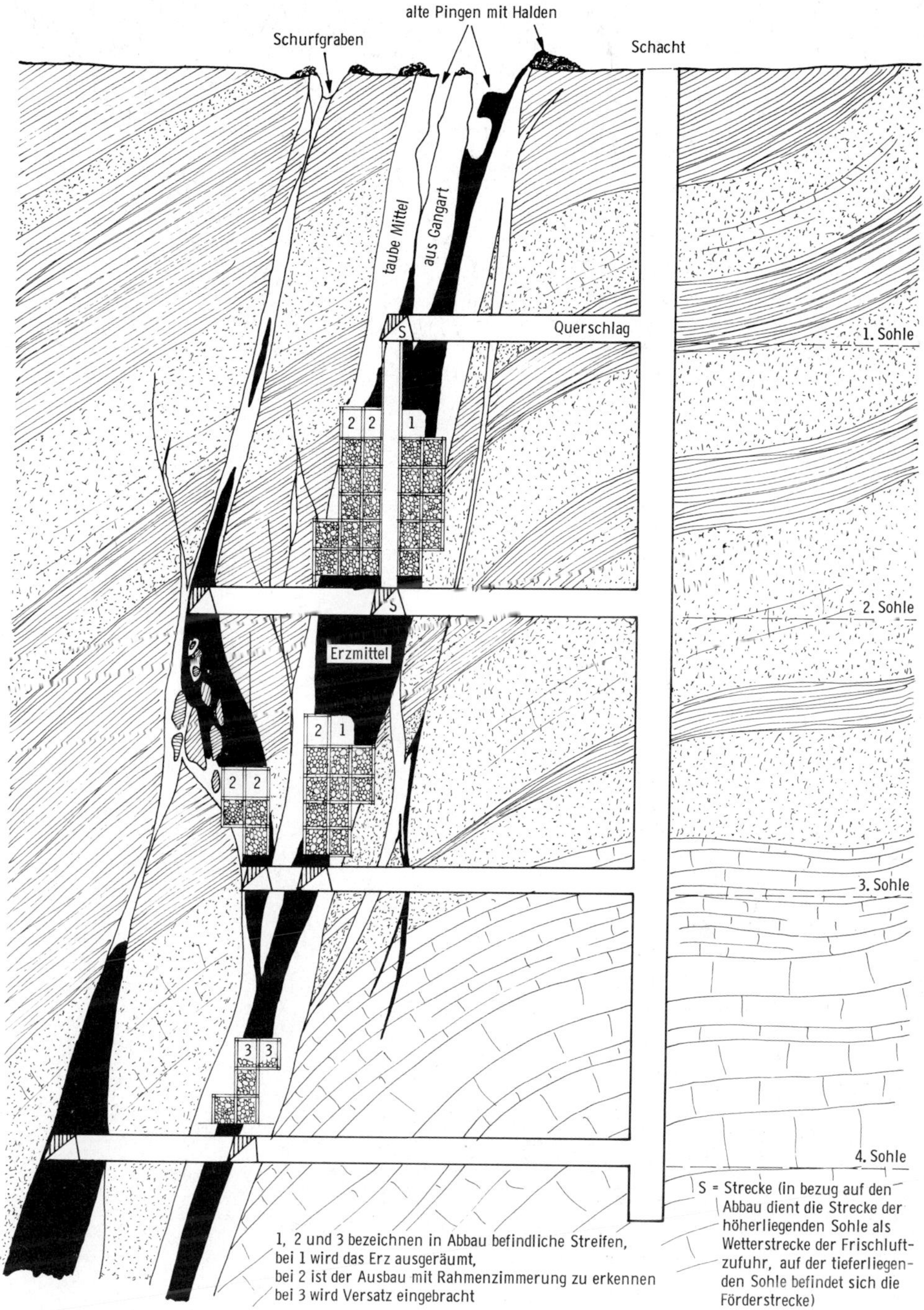

Abb. 38. Gangerzbau, dargestellt an einer Grube mit vertikalem Schacht.

wagen auf Schienen, die ein Bergmann schieben kann und die, zu Zügen zusammengestellt, von einer Lokomotive gezogen werden. Früher leisteten vielfach Grubenpferde diese Arbeit. An die Stelle der schienengebundenen Transportmittel sind meist gummibereifte Muldenkipper und Transportbänder getreten. In dem erwähnten Eisenerzbergbau von Kiruna hat sich übrigens die Eisenbahntechnik unter Tage erhalten. Sie wurde mit ferngesteuerten Zügen und großräumigen Erzwaggons auf einen ganz modernen Stand gebracht.

Wir befinden uns jetzt auf einer Sohle und orientieren uns in der Horizontalebene. Darin gibt es Hauptverbindungswege, die *Strecken,* die meist geradlinig geführt sind. Auf ihnen gelangen wir zunächst einmal in ein Abbaufeld. Ein planmäßig angelegtes Grubengebäude weist meist größte geometrische Regelmäßigkeit auf. Falls von einer Hauptstrecke im rechten Winkel kürzere Seitenstrecken abgehen, heißen diese *Querschläge.* Wenn der Erzkörper im Horizontalschnitt eine deutliche Längserstreckung aufweist, so daß er eine Streichrichtung besitzt, werden die Bezeichnungen „Strecke" und „Querschlag" auf diese Orientierung bezogen, insofern als die Strecken im Streichen verlaufen und die Querschläge rechtwinklig dazu. Bei Spaltengängen und schichtigen Lagerstätten, die schräg einfallen oder stehen, gelten diese Richtungsbeziehungen immer.

Das gesamte Streckensystem verläuft zum Teil im Nebengestein, zum Teil im Erzkörper; in ihm allein befinden sich die *Abbauorte.* Das Erz wird nicht nur im Niveau einer Sohle abgebaut, sondern die Hauptmenge ist jeweils aus dem Teil des Ganges zwischen zwei Sohlen zu gewinnen. Wie das geschieht, lassen wir uns am besten an Ort und Stelle erklären.

Zahlreiche Grubenbefahrungen vermitteln einen Eindruck von der Vielseitigkeit und Wandlungsfähigkeit der Bergbautechnik: Normalerweise kommen die Arbeitsgänge des Bohrens und Sprengens, wozu der Bergmann „schießen" sagt, vor. Mit Hilfe eines Bohrwagens wird eine Wand des Erzkörpers mit einem System von Bohrlöchern versehen, die anschließend mit Sprengmittel gefüllt werden. Während der Sprengung dürfen sich keine Personen in der Nähe des Sprengortes befinden. Erst wenn die Sprenggase abgezogen sind, kann vor Ort weitergearbeitet werden. Manchmal sieht man kurz nach einer Sprengung noch weiße Schwaden über dem hereingebrochenen Haufwerk stehen und nimmt einen charakteristischen Geruch wahr. Damit sich solche und andere schädliche Gase nicht in der Grube sammeln, besitzt sie eine „Wetterführung", d. h. eine Belüftung. Bei günstigen Verhältnissen reicht in kleinen Gruben eventuell der natürliche Luftzug zwischen einem Stollen und einem „Wetterschacht" aus. Sonst bewirken Ventilatoren die Bewetterung. In großen Tiefen spielt die höhere Temperatur eine große Rolle. Dann sorgen die Frischwetter außerdem für Kühlung, durch die die Arbeit überhaupt erst erträglich wird.

Da im Erzkörper selbst die größten Hohlräume geschaffen werden, ist dort am ehesten mit Verstürzungen zu rechnen. Es gibt nun Abbauverfahren, bei denen das vollständige Nachbrechen eingeplant ist und Bestandteil des Gewinnungsvorganges ist. Dann laufen die Vorrichtungsarbeiten jeweils eine Sohle tiefer im Schutze von deren Decke, der „Firste", ab. Das im Hangenden geschossene Erz kann dann seitlich oder nach unten wie aus einem Silo abgezogen werden. Das Nachsacken pflanzt sich eventuell bis an die Erdoberfläche fort. Im nächsten Schritt wird die

vorgerichtete Firste der tieferen Sohle geschossen, wobei sich der Abbau um eine Etage tiefer verlagert. Der beschriebene Bruchbau wird gern bei der Fortsetzung eines ehemaligen Tagebaues im Tiefbau angewandt. Dort spielen die Senkungsschäden überhaupt keine Rolle, weil sie sich auf die offene Grube beschränken.
Wenn das Verstürzen nicht vorgesehen ist, müssen entweder Teile des Erzkörpers als Stützen der Decke stehengelassen werden; oder bei vollständiger Ausräumung der erzhaltigen Teile wird an deren Stelle ein Versatz aus hereingebrochenem Nebengestein, Gangart, Sand, Kies oder Aufbereitungsrückständen eingebracht; oder es wird eine Rahmenzimmerung eingesetzt, die eventuell zusätzlich verfüllt wird.
Grundsätzlich meidet der Bergmann nicht mehr in Betrieb befindliche Teile einer Grube, insbesondere erloschene Abbaue, die „Alter Mann" genannt werden; denn sie können sehr gefährlich werden. Abgesehen von oft mangelnder Bewetterung, die ja dort nicht mehr nötig ist, verändern sie sich allmählich durch den Gebirgsdruck. Es besteht keine Sicherheit mehr gegen herabbrechendes Gestein. Wie leicht kann es jemanden erschlagen oder verschütten oder ihm den Rückweg abschneiden.
Nach all den bergbaulichen Bemerkungen wollen wir uns nun mehr der Geologie widmen. In den Strecken haben wir Gelegenheit, das *Nebengestein* kennenzulernen. Zwischen seiner Ausbildung und tektonischen Lagerung, z. B. Sattel- und Muldenbildung, einerseits und der Erzführung im Gang sowie der Form, Breite und dem Verlauf der Gangspalte andererseits bestehen oft interessante Zusammenhänge. Bevor wir den Hauptgang erreichen, kündigt sich seine Nähe eventuell durch geringmächtige *Seitentrümer* (Trum = kleiner Gang) an, die das Nebengestein durchsetzen. Ein untrügliches Kennzeichen für den Einfluß pneumatolytischer oder hydrothermaler Aktivität im Grenzbereich des Ganges ist eine farbliche Veränderung der Nachbargesteine. Durch Hämatitimprägnation erscheint eine kräftige *Rotfärbung.* Andererseits sind auch *Bleichungen* oder *Grünfärbung* verbreitet. Bei den Reaktionen zwischen den ursprünglichen Nebengesteinsmineralen und der fluiden Phase bildeten sich z. B. **Tonminerale, Talk, Chlorit** oder **Serizit** (Tab. 7, VI). Das Gestein kann auf diese Weise in weichen „Letten" umgewandelt sein. Häufig bemerken wir helle Glimmerschüppchen des Serizits. Eine ebenfalls weitverbreitete Erscheinung ist die *Verkieselung* des Nebengesteins, das dadurch hart und splittrig wird. Die **Kieselsäure** wurde entweder mit der Lösung herangeführt oder bei der Umwandlung der Minerale im Nebengestein freigesetzt.
Nun erreichen wir den Gang, dessen Grenzflächen gegen das benachbarte Gestein vom Bergmann als *Salbänder* bezeichnet werden. Innerhalb des Ganges ist die Ausfüllung in der vertikalen wie in der horizontalen Erstreckung meist sehr ungleichmäßig. Abbauwürdige Partien, die *Erzmittel,* wechseln mit Vertaubungszonen ab. Deshalb ist für die Weiterführung des Bergbaues eine ständige Vorerkundung durch Vortreiben von Strecken und Bohrungen erforderlich.
Obwohl sich der Gangverlauf an bestimmte tektonische Richtungen hält, sind die Verhältnisse im einzelnen doch recht kompliziert. So werden die Gänge z. B. durch jüngere Störungen verworfen. Wenn der Erzkörper an einer solchen Verwerfungsfläche absetzt, gilt es, die Fortsetzung auf der anderen Seite wiederzufinden. Außerdem müssen wir uns von der Vorstellung eines individuellen Ganges etwas frei machen. Häufiger beobachten wir *Gangzüge,* in denen die Einzelgänge über eine Teilstrecke existieren, um an den Enden aufzufiedern und in feine Trümer auszulaufen.

Verzweigungen und Zusammenfließen von Gängen sind möglich. Die Gangspalten können auskeilen; dafür erscheint im weiteren Verlauf des Gangzuges etwas seitlich versetzt die nächste *Fiederspalte.* Auch die Form eines Gangstückes entspricht nicht streng einer mehr oder weniger steil gestellten ebenen Platte. Statt dessen wechseln Aufweitungen mit Verengungen ab. In der Horizontalebene treten Umbiegungen, in der Vertikalen Verflachungen und Versteilungen auf.

Wie wir sehen, kann das Hohlraumsystem, das den erzbringenden Lösungen offen stand, sehr verschieden ausgebildet gewesen sein. Normalerweise konnten sich in breiten *Gangspalten* als den „bequemsten Wegsamkeiten" die reichsten Erzmittel abscheiden. In anderen Fällen werden Systeme aus vielen schmalen Parallelträmern als *„Stockwerke"* oder das wirre Spaltenwerk von *Ruschelzonen* vererzt. Die Bezeichnung Ruschel stammt wie viele andere bergmännische Ausdrücke aus dem Harz und bezieht sich auf Scherungszonen, in denen das Gestein verwürgt und verworfen wurde. Ihr Material ist zerbrochen und wird von krummschaligen Trennflächen durchzogen.

Bei den Gängen, die in subvulkanischen oder vulkanischen Gesteinen ausgebildet sind, setzt sich gewöhnlich die Vererzung nach oben in immer feinere und zahlreicher werdende Verzweigungen fort. Bevorzugt werden auch die Zwischenräume in den *Breccien* von Vulkanschloten sowie das freie Volumen in den begleitenden Tuff- und Aschenlagen durch Erze ausgefüllt.

Vererzte Breccien begegnen uns überhaupt allgemein. Wir erwähnten bereits im Zusammenhang mit Blei-Zink-Erzen die *Einsturzbreccien* in Höhlensystemen. Bei der Befahrung eines hydrothermalen Spaltenganges werden wir sicherlich den sogenannten *Gangbreccien* begegnen, deren eckige Bruchstücke zunächst einmal aus Nebengestein bestehen können, das beim Aufreißen der Spalte in sie hereinbrach. Meist folgte auf die erste Gangausfüllung eine erneute tektonische Bewegung, die die Gangspalte wieder aufreißen ließ. Dabei wurden auch die Erze und Gangarten zerklüftet, und ein Teil fiel mit weiterem Nebengestein in den Hohlraum, um eine Breccie zu bilden.

Wir wenden uns nun ganz der Gangausfüllung zu. Selbst wenn Drusenbildungen, die den Mineraliensammler am meisten locken, fehlen, bietet sich uns ein eindrucksvolles Bild. Wir empfinden die Klarheit und Reinheit der Kristallwelt am deutlichsten beim Anblick eines frischen Anbruches. Dabei besitzt jede Mineralart ihren eigenen Reiz. Viele Gangarten erscheinen hell durchscheinend, oft mit einer farbigen Tönung. Die Karbonate, Flußspat und Schwerspat brechen meist grobspätig nach ihren Spaltflächen. Auf dem unebenen Querbruch des Quarzes ist eventuell, milchig und klar abwechselnd, ein Zonarbau nach Kristallwachstumsflächen zu erkennen. Überhaupt sind Bänderungen durch unterschiedliche Färbung und Korngröße innerhalb einer Mineralart verbreitet. Außerdem bilden die verschiedenen Minerale lagenweise aufeinanderfolgende Bänder. Gegen die Gangarten kontrastieren die Erzminerale durch dunklere Färbung oder ihren glitzernden Metallglanz.

Doch wir wollen uns nicht auf die Erfassung der Einzelminerale beschränken. Wenn wir das ganze Nebeneinander der Mineralarten überblicken, wird uns die graphische Schönheit der Gefüge deutlich. Die beste Vorstellung gewinnen wir im allgemeinen aus der Betrachtung der Firste und des Stoßes (Stirnfläche einer Ab-

Abb. 39. Hydrothermales Banderz. Dunkle Bänder aus Zinkblende wechseln mit hellen Kalkspatbändern ab. Beide Minerale sind grobspätig ausgebildet und zeigen Spaltflächen. Auf ein jüngeres Aufreißen von feinen Spalten deutet das Aderwerk heller, mit Karbonaten ausgefüllter Trümer, die die Probe durchsetzen. Fundort: Grube Hilfe Gottes, Bad Grund, Harz.

baustrecke), d. h. grundsätzlich dort, wo der Gang in seiner Breite aufgeschlossen ist. Als übergeordnetes Prinzip offenbart sich uns die Bänderung. Sie kommt dadurch zustande, daß die zur Zeit ausgeschiedenen Kristalle wie in einer Druse immer von der Außenwand der Gangspalte in sie hineinwachsen. Dabei bildete sich jeweils ein Belag aus dem Kristallisat, das gerade aufgrund von Temperatur, Druck und Chemismus der Lösung ausgeschieden werden mußte. Wenn eine Mineralart erst einmal Fuß gefaßt hatte, konnte sie verhältnismäßig leicht zu größeren Kristallen weiterwachsen. Unterdessen versuchten andere Minerale, für die die Lösung ebenfalls übersättigt war, Kristallkeime zu bilden. Während zum Beispiel im ersten Anwachsstreifen Zinkblende dominieren mag, gelang es bald darauf einer ankeritischen Gangart, die gesamte Aufwachsfläche zu überwuchern. Danach errang die Zinkblende abermals die Vorherrschaft, und so geht es abwechselnd weiter, bis schließlich der verbliebene Raum von der Gangart allein ausgefüllt wird.
Eine einfache, steil einfallende Gangspalte enthält danach im Idealfall ein *Banderz* mit symmetrischem Aufbau, indem sich die einzelnen Bänder, links und rechts am Salband beginnend, entsprechen (s. Abb. 39). Bei flacherem Einfallen wächst meist die liegende Seite mächtiger heran, und die Zahl der Bänder überwiegt die der Dachpartie. Das bis jetzt skizzierte einfache Bild lockert sich auf und wird äußerst lebendig, wenn der Gangabschnitt von einer Breccie erfüllt ist. Mit demselben Gesetz der lagenweisen Abscheidung lassen sich die Gefüge der *Breccienerze* erklären, die in den Blei-Zink-Gängen von den Bergleuten sehr anschaulich *Kokarden-* oder *Ringelerze* genannt werden (s. Abb. 40). Die Anwachsfläche der Spaltenwände ist um die Oberfläche der Breccienkerne vermehrt gewesen. Diese werden von den la-

genförmig wachsenden Kristallisaten ebenso umkrustet, wie die Seitenwände ausgekleidet werden. Der komplizierte Innenraum ergibt girlandenähnliche Strukturen. Damit ist die Vielfalt der Gefüge längst noch nicht erschöpft. Wir haben uns ja erst mit einer einzigen *Mineralisationsphase* beschäftigt. Da beobachten wir auch schon eine weitere Erscheinung im Aufschlußbild: Innerhalb des Ganges werden die Gefüge der bisher beschriebenen Art von ebensolchen, aber in anderen Richtungen durchschnitten. Wir erkennen bald, daß es sich um ein System jüngerer Trümer handelt, die die ältere Gangfüllung durchsetzen. Offensichtlich rissen durch neue *tektonische Bewegungen* der Erdkruste zum zweiten Mal Spalten im Gangbereich auf. Sie können den Hauptgang quer durchsetzen, auch ins Nebengestein laufen, oder sie folgen ganz der alten Richtung, z. B. parallel der Bänderung der vorhergehenden Erzphase. Nicht selten knicken die Trümer in ihrem Verlauf von einer Richtung in die andere um. Auch treten Verzweigungen und alle möglichen Komplikationen auf. Beim Aufleben der alten Störungszone des Ganges kann dessen Inhalt so stark gequetscht und zerschert werden, daß der ursprüngliche Ganginhalt von einem unregelmäßigen Netzwerk jüngerer Mineralausscheidungen durchtrümert wird. Übergänge leiten zu Breccienerzen mit Kernen aus Erz- und Gangartmaterial über.

Für die zweite und jede folgende Mineralisationsphase gilt wieder die Regel der lagenweisen Abscheidung. Welche Minerale auftreten, hängt allerdings vom Verlauf der *geochemischen Entwicklung* ab. Innerhalb einer Phase sollte sich die zusammen ausgeschiedene Mineralgesellschaft, die sogenannte Paragenese, einer allmählichen Änderung der Bedingungen, im allgemeinen einer langsamen Abkühlung anpassen. Die nächste Phase setzt dann abrupt bei irgendeiner Temperatur ein, die höher als der Ausklang der letzten Mineralisation, aber ebensogut darunter liegen kann. Im

Abb. 40. Kokardenerz. Die abgebildete Probe bildete sich durch mehrphasiges Aufreißen der Gangspalte mit jeweils nachfolgender Vererzung. Als Kerne für die Umhüllung mit Quarz, Bleiglanz und etwas Zinkblende dienten Stücke aus gebleichter Grauwacke (graue Kerne oben und rechts) sowie aus älterer Zinkblende (dunkle Kerne). Fundort: Grube Hilfe Gottes, Bad Grund, Harz.

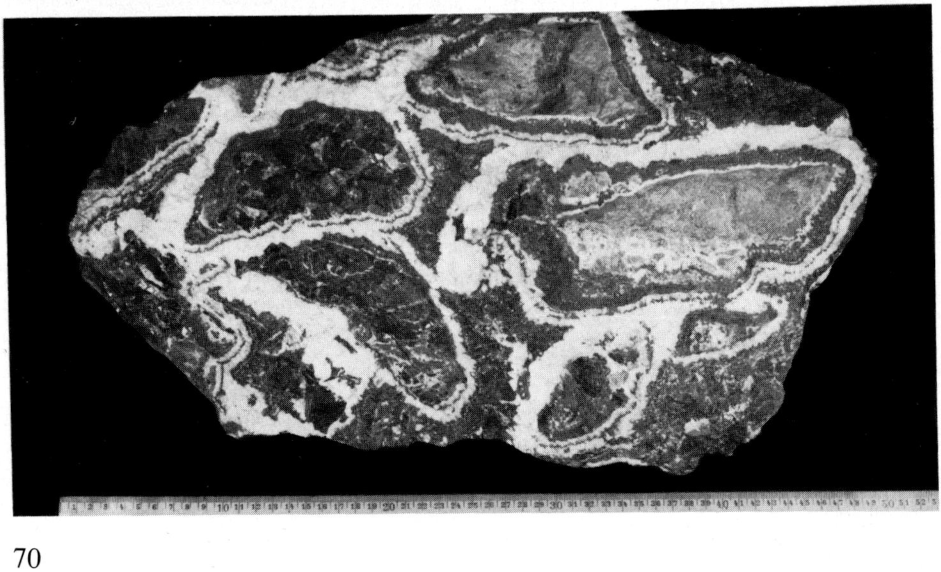

Abb. 41. Halde bei Oberschulenberg, Harz. Sie besteht aus Gangmaterial des Schulenberger Ganges. Hier hat sich eine typische, den Boden schwach deckende Schwermetallvegetation mit erzanzeigenden Pflanzen gebildet. Bemerkenswert ist das pionierartige Auftreten von einzelnen Fichten, deren Wuchsform von normalen Verhältnissen stark abweicht.

großen und ganzen ergibt sich ein Temperaturverlauf über den gesamten zeitlichen Ablauf des hydrothermalen Geschehens, der einer rhythmischen Kurve mit meist generellem Abfall entspricht. Die letzten Phasen werden also wahrscheinlich Mineralbildungen des kühlen Milieus mit sich bringen. Aus dem Wechselspiel zwischen Tektonik und Mineralisation ergibt sich, daß in einem einzigen Ausschnitt der Gangspalte innerhalb ihrer vertikalen und horizontalen Erstreckung *mehrere Paragenesen* auftreten können, die eventuell sogar verschiedenen Erzformationen angehören und nach dem einfacheren Modell eines einmaligen hydrothermalen Ereignisses durch bedeutende Teufenunterschiede oder laterale Abstände getrennt sein müßten.
Erst durch die herrlichen Aufschlußverhältnisse in der Grube ohne störende Verwitterungseinflüsse oder Bedeckung mit Lockermassen und Vegetation, die die Erzausbisse an der Erdoberfläche „entstellen", ließ sich die rechte Vorstellung von einer hydrothermalen Vererzung gewinnen. Unsere eingesammelten Proben dienen dabei der Erinnerung als Stütze.
Weitere Möglichkeiten zu sammeln und zu beobachten bieten sich, wenn wir die zu Tage liegenden Halden der Gruben aufsuchen (Abb. 41, S. 71). Das gilt nicht nur für die hydrothermalen Gangvererzungen, sondern allgemein. Unter den Halden können wir im Hinblick auf die Fundmöglichkeiten unterscheiden zwischen einerseits Berge-Halden, die aus „taubem" Nebengestein bestehen, und andererseits Halden mit Gangmaterial, aus dem jedoch bereits die verwertbaren Erzbrocken abgetrennt sind. Das geschah in früheren Zeiten meist durch „Klauben", d. h. Auslesen mit der Hand.
Für den Sammler sind gerade die alten Halden aus vergangenen Bergbauperioden besonders ergiebig. Sie bestehen zunächst einmal aus stückigem Material; dagegen interessieren wir uns ja kaum für die modernen Halden aus sandfein gemahlenem Aufbereitungsmaterial. Hinzu kommt, daß damals nur höherprozentige Erze verarbeitet wurden und manche Erzminerale wie Zinkblende oder die Nickelminerale noch nicht auf ihre Metalle verhüttet wurden. Da andererseits diese Halden allgemein bekannt und sehr gut abgesucht sind, empfiehlt es sich durch Aufgraben der Halde an einer Stelle in die noch ergiebigen unteren Schichten vorzudringen.
Beim Ausmustern der Stücke halten wir natürlich in erster Linie nach Erzmineralen und schönen Drusenbildungen Ausschau. Nebenbei registrieren wir die Gangarten und das Nebengestein. Besonders freuen wir uns, wenn wir eine Stufe mit frei gewachsenen Kristallen gefunden haben, aber auch die merkwürdigen Glaskopfbildungen fordern zum Sammeln auf. Auf den Stücken erkennen wir schließlich all die Gefüge wieder, die in der Grube zu sehen waren: Bänderungen von Erz und Gangart, Gangbreccien sowie verschieden alte Trümer, die das Nebengestein und eins das andere durchsetzen. Wenn wir die größeren tektonischen Zusammenhänge wie den Verlauf der Gänge verfolgen wollen, müssen wir die *Erzausbisse* im Gelände untersuchen. Wir finden sie am einfachsten nach der geologischen Karte und speziellen Gangkarten. Sonst führen systematische Geländebegehungen zum Ziel, bei denen wir auf Unebenheiten wie Pingen, Schurfgräben, alte Abbaue und Schächte samt deren Halden achten. Als weiteres Indiz helfen uns an der Oberfläche verstreute Stücke, sogenannte Lesesteine, aus Gangmaterial. Im Verlauf der mineralisierten Störungszonen lohnt es sich, jeden Aufschluß, z. B. an Straßen oder natür-

a)

b)

c)

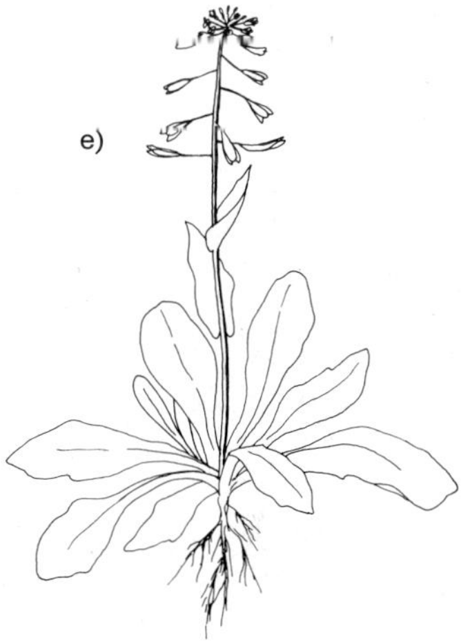

e)

d)

f)

Abb. 42. Habitusbilder von „erzanzeigenden" Pflanzen Mitteleuropas.

a) Frühlings-Meirich, *Minuartia verna.*
b) Taubenkropf-Leimkraut, *Silene cucubalus.*
c) Galmei-Veilchen, *Viola calaminaria.*
d) Gemeine Grasnelke, *Armeria maritima.*
e) Gebirgs-Hellerkraut, *Thlaspi alpestre.*
f) Quell-Schaumkresse, *Cardaminopsis halleri.*

lichen Klippen, genau zu betrachten. Bei einiger Übung werden wir überrascht sein, welche vielfältigen Fundmöglichkeiten sich uns bei diesem Vorgehen bieten. Allerdings erfordert es ein gewisses Einfühlungsvermögen in die geologischen Zusammenhänge.
An den Stücken der Halden ebenso wie in den oberflächennahen Teilen der Erzkörper beobachten wir Mineralbildungen, die im Einflußbereich der *Verwitterungszone* entstanden sind. Entweder bilden sie weiße oder braune bis schwarze Überzüge und lockere erdige Massen, die der Sammler als unschöne Zersetzungsprodukte ablehnt, oder sie reizen unsere Aufmerksamkeit erst recht durch auffallende Farben oder schöne Kristallausbildung. Auch feine dendritische Aufwachsungen auf Kluftflächen oder nierig traubige Gelstrukturen der Sekundärminerale sind begehrte Sammelstücke. All diesen Mineralbildungen des Oberflächenmilieus wollen wir uns im nächsten Kapitel widmen, denn sie stellen eine neue Gruppe von Erzen dar. Wenn sie nur in untergeordneten Mengen vorkommen, verraten sie primäre Lagerstätten.
Am Ende sei noch kurz auf ein scheinbar etwas abseits liegendes Beobachtungsgebiet hingewiesen. Wenn wir uns auf Halden und Erzausbissen beschäftigen, sollten wir uns einen Seitenblick auf die Botanik leisten. Dann übersehen wir sicherlich nicht die *erzanzeigenden Pflanzen,* die uns durchaus als Wegweiser zu Erzfunden dienen können (s. Abb. 42, S. 73). Es gibt nämlich nur einige wenige Pflanzenarten, die so enorme Schwermetallgehalte im Boden aushalten, wie sie an den genannten Standorten durch die verwitternden Erzminerale auftreten. Wir wollen hier nur einige erwähnen, die sehr charakteristisch und in Mitteleuropa häufig anzutreffen sind.
Allgemein verbreitet sind zwei weißblühende Nelkengewächse, der **Frühlings-Meirich** (*Minuartia verna*) und das **Taubenkropf-Leimkraut** (*Silene cucubalus*). Ersterer bildet zierliche Polster, die sich zur Blütezeit zwischen Mai und August reich mit weißen Blütensternen schmücken. Kurz danach erblüht auch das Leimkraut, dessen bauchig aufgeblasene, netzig geaderte Kelche den Taubenkropf darstellen. Aus dem Namen des **Galmei-Veilchens** (*Viola calaminaria*) geht hervor, daß es über Zinkerzen gedeiht. Speziell die Galmeierze enthalten außer Zinkblende und Wurtzit karbonatische und kieselige Sekundärminerale des Zinks, hauptsächlich Smithsonit (Zinkspat), $ZnCO_3$, Hydrozinkit (Zinkblüte), $Zn_5[(OH)_3 | CO_3]_2$ (s. Abb. 45, Seite 79) und Hemimorphit (Kieselzinkerz), $Zn_4[(OH)_2 | Si_2O_7] \cdot H_2O$.
Am bekanntesten ist die gelbblühende Form des wie ein Acker-Stiefmütterchen aussehenden Galmeiveilchens, die wir in Blüte zwischen Juni und August auf den Halden des Blei-Zink-Erzbezirks im Aachener Raum finden. Obwohl die Reihe der wichtigsten erzanzeigenden Pflanzenarten damit noch nicht beendet ist, nennen wir jetzt nur noch die **Gemeine Grasnelke** (*Armeria maritima*), die in mehreren Variationen Schwermetallstandorte besiedelt. Ihre Erkennungsmerkmale sind die grundständige Rosette aus linealischen, 1 – 2 mm breiten, einnervigen Blättern und die rosa bis rot gefärbten, köpfchenförmigen Blütenstände, die sich auf blattlosen, im oberen Teil umscheideten Stengeln erheben. Die Blütezeit reicht von Mai bis November.

„Eiserne Hüte“ und sonstige Verwitterungsbildungen

Ebenso wie die Gesteine sind auch die Erze der *Verwitterung* unterworfen. Das können wir an Erzausbissen und Halden beobachten, besonders wenn primär Sulfidminerale vorlagen. Das Ausmaß der Verwitterungsumbildung bleibt jedoch weit hinter dem in tropischen Klimagebieten zurück. Dort wandelt sich der obere Teil sulfidischer Erzkörper bis in eine Teufe von vielen Zehner-Metern in einen sogenannten *„Eisernen Hut“* um. Diese Bezeichnung ist sehr treffend, da in der Oxidationszone hauptsächlich intensiv braun gefärbte Oxidminerale des Eisens als Verwitterungsrückstand angereichert sind. Hauptmineral ist **Goethit,** FeO(OH) (siehe Tab. 8, I). Bei dem vorliegenden derben Material, das meist Wasser absorbiert hat und auch weitere Minerale beigemengt haben kann, sprechen wir gern von **Brauneisen** oder **Limonit.** Es treten auch feste, strahlig aufgebaute Knollen mit glatter, glänzender Oberfläche auf; das ist die Ausbildungsform als Brauner Glaskopf. Erdige, zerreibliche Produkte werden Ocker genannt; in geringem Umfang finden sie als Farberde Verwendung. Die goethitreichen **Eisenocker** (Tab. 8, I) variieren je nach Teilchengröße und Beimengung zwischen gelb und braun. Rote Färbungen werden durch Hämatit hervorgerufen.
Die Entstehung des Eisernen Hutes aus den primären Sulfiden können wir uns leicht am Beispiel der Pyritverwitterung vor Augen führen:

$$\underset{\text{Pyrit}}{2\,Fe^{II}S_2} + 7\tfrac{1}{2}\,O_2 + 5\,H_2O \rightarrow \underset{\text{Goethit}}{2\,Fe^{III}O(OH)} + 8\,H^+ + 4\,(S^{VI}O_4)^=$$

Durch Einwirken von Luftsauerstoff und Wasser werden Eisen und Schwefel aufoxidiert. Dabei entsteht außer dem Brauneisen eine schwefelsaure Verwitterungslösung, die auf die meisten Minerale von Erz und Nebengestein lösend und zersetzend wirkt. Anstelle von Pyrit liefern in ähnlicher Weise die weitverbreiteten Erzminerale Magnetkies, Kupferkies und Zinkblende aus ihrem Eisengehalt Brauneisen. Dabei gehen Kupfer und Zink zunächst als Kationen in Lösung. Ihr weiteres Schicksal wird uns noch beschäftigen. Eine weitere Quelle für Brauneisen stellen die eisenreichen Karbonate dar, die in der Vererzung häufig als Begleitminerale auftreten.
In seinem geochemischen Verhalten ist dem Eisen das Mangan sehr nahe verwandt. Das zeigt sich besonders in der Oxidationszone, wo Mangan ebenfalls in Oxidminerale eingeht. Bei ihrer Anreicherung über primär stärker manganhaltigen Erzkörpern bilden sie einen dunklen *Manganhut.* In den Verwitterungsbildungen der hydrothermalen Gänge kann das Mangan aus Karbonatmineralen der Gangart stammen. Die Mineralgemenge werden **„Braunstein“** genannt. Darin treten als Mineralkomponenten **Pyrolusit,** $Mn^{IV}O_2$ (Abb. 43, S. 76), und die **Manganomelane** auf, die außer MnO_2 noch weitere chemische Bestandteile enthalten. In diese Mineralgruppe gehören z. B. **Kryptomelan,** $K_{\leq 2}Mn_8O_{16}$, und **Psilomelan,** $(Ba,Mn^{II})_3(O,OH)_6Mn_8O_{16}$. Die Ausbildung der Manganoxide ist, wie beim Brauneisen, sehr mannigfaltig und deutet ebenfalls in ihren verschiedenen Formen auf gelartige Entstehung

Abb. 43. Strahliger Pyrolusit aus einem Manganerzgang. Fundort: Öhrenstock im Thüringer Wald.

hin. Das gilt ganz besonders für den **Schwarzen Glaskopf,** aber auch für die erdigen und schaumig porösen Bildungen. Durch ihre Adsorptionswirkung und dadurch, daß sich verschiedene Gele gegenseitig ausflocken können, besitzen die Manganomelane häufig hohe Gehalte anderer Schwermetalle. Besonders stark sind Kobalt und Kupfer in den Varietäten **Asbolan** und **Cuproasbolan** angereichert.
Außer Eisen und Mangan bilden noch einige weitere Metalle als Verwitterungsprodukte der Oxidationszone Anflüge, Krusten und erdige oder feste, derbe Massen, die als Ocker bezeichnet werden und meist Gemenge aus im wesentlichen oxidischen und hydroxidischen Einzelmineralen darstellen. Die **Antimonocker** sind weiß, gelb oder braun. **Wismutocker** sind typisch grünlichgelb, **Vanadiumocker** meist braun, **Uranocker** gelb, orange oder blaßbraun, **Molybdänocker** braungelb oder blauschwarz, **Wolframocker** mehr gelb bis grünlich oder bräunlich. Leider weisen diese Mineralbildungen als äußere Kennzeichen zur Unterscheidung hauptsächlich die Färbung auf, die aber in wenig charakteristischer Weise durch Beimengung von Eisen- und Manganoxidmineralen bedingt sein kann.
Bei den Eisernen Hüten von Erzlagerstätten tritt uns an der Oberfläche zunächst die im oxidierenden Bereich liegende Brauneisenzone entgegen. Zwischen dieser und dem unverwitterten, aus primären Sulfiden bestehenden Erzkörper befindet sich eine höchst bedeutsame Zone, in der die Wertmetalle Kupfer und Silber über die ursprünglichen Gehalte hinaus angereichert sind. Die beiden verhältnismäßig edlen Elemente werden leicht reduziert und in gediegener Form abgeschieden (Abb. 44). Dieser elektrochemische Vorgang wird Zementation genannt. Entsprechend heißt der Bereich, in dem derartiges stattfindet, *Zementationszone.* Darin wurden nicht nur die gediegenen Metalle, sondern auch Sulfide und arsen- bzw. antimonhaltige Sulfosalze als Sekundärminerale gebildet. Wegen ihres Reichtums an besonders hochwertigen Mineralen brachten die oberflächennahen und damit zugleich leicht

abbaubaren Teile vieler sulfidischer Erzlagerstätten besonders reiche Ausbeuten an Kupfer und Silber. Das zur Teufe folgende primäre Erz enttäuschte dann oft die Erwartungen.
Wie kommt es im einzelnen zu der bemerkenswerten Anreicherung edler Metalle in der Unterzone der Eisernen Hüte? Es ist ja gerade der Teil, in dem noch primäre Sulfide vorhanden sind, die mit herabsickernden, d. h. *deszendenten* Verwitterungslösungen in Berührung kommen. Wie bereits gesagt, reagieren diese Lösungen sauer und vermögen deshalb das Sulfiderz zu zersetzen. Bevorzugt werden Minerale wie Pyrit und Zinkblende aufgelöst, während die Kupfer- und Silberminerale meist etwas stabiler sind. Das ergibt bereits eine Voranreicherung. Viel wesentlicher sind jedoch die gelösten Kupfer- und Silbergehalte, die mit der Verwitterungslösung aus den oberen, verwitterten Teilen des Erzkörpers zugeführt werden. Bei der Ausscheidung der Metalle spielt der Schwefelwasserstoff, der bei der Auflösung aus den Sulfiden freigesetzt wird, eine wichtige Rolle; denn einerseits kann er Reduktion bewirken, andererseits dient er als erforderlicher Fällungspartner zur Sulfidbildung. Besonders anschaulich lassen sich die Vorgänge durch die folgenden chemischen Reaktionsgleichungen darstellen.
1. Stufe: Auflösung primärer Sulfide

$$\underset{\text{Zinkblende}}{ZnS_2} + 4\,H^+ \rightarrow Zn^{++} + \underset{\text{Schwefelwasserstoff}}{2\,H_2S}$$

In weniger saurem Milieu dominiert $(HS)^-$, die erste Dissoziationsstufe von H_2S: $H_2S \rightleftharpoons (HS)^- + H^+$

2. Stufe: Ausfällung der Metallgehalte aus der deszendenten Verwitterungslösung

$$Cu^{++} + (HS)^- \rightarrow \underset{\text{Covellin}}{Cu^{II}S} + H^+$$

Abb. 44. Gediegen Silber in schwarzen „Locken“ auf Kalkspat. Fundort: Freiberg, Sachsen.

$$8\,Cu^{++} + 5\,(HS)^- + 4\,H_2O \rightarrow \underset{\text{Kupferglanz}}{4\,Cu_2^{I}S} + 13\,H^+ + (SO_4)^=$$

$$4\,Cu^{++} + (HS)^- + 4\,H_2O \rightarrow \underset{\text{Gediegen Kupfer}}{4\,Cu^0} + 9\,H^+ + (SO_4)^=$$

$$2\,Ag^+ + (HS)^- \rightarrow \underset{\text{Silberglanz}}{Ag_2^{I}S} + H^+$$

$$8\,Ag^+ + (HS)^- + 4\,H_2O \rightarrow \underset{\text{Gediegen Silber}}{8\,Ag^0} + 9\,H^+ + (SO_4)^=$$

Welche Erzminerale für die Zementationszone typisch sind, geht aus Tabelle 8, II hervor.

Zu den verhältnismäßig edlen Elementen gehört auch das Quecksilber. So ist es nicht zu verwundern, daß im Verwitterungsbereich Reduktion zu **Gediegen Quecksilber** eintreten kann. Man findet es in Form von weißen, metallisch glänzenden Flüssigkeitströpfchen besonders auf Zinnober-Lagerstätten (s. Farbtaf. II, Bild 5, Seite 82), aber auch als Zerfallsprodukt von Quecksilberfahlerz auf Erzgängen. Wegen seines hohen Dampfdruckes vermag Quecksilber sich leicht als Dampf in der Umgebung einer Vererzung auszubreiten. Es läßt sich dann bei der geochemischen Prospektion in geringsten Konzentrationen als Spurenelement im Boden nachweisen und dient so als Indikator für hydrothermale Vererzungen.

Falls eine schwermetallreiche Verwitterungslösung unter oxidierenden Bedingungen verbleibt, besteht immer dann die Möglichkeit der Mineralausscheidung, wenn geeignete chemische Fällungspartner zur Verfügung stehen. So bilden Pb^{++}-Kationen mit den ohnehin von der Verwitterung der Sulfide her zu erwartenden $(SO_4)^=$-Anionen die schwerlösliche salzartige Verbindung **Anglesit,** $PbSO_4$. Entsprechend gibt es vom Eisen Alaune wie den **Jarosit,** $KFe^{III}_3[(OH)_6 \mid (SO_4)_2]$, und als Kupfermineral den **Brochantit,** $Cu_4[(OH)_6 \mid SO_4]$, die aber weniger schwer löslich sind und deshalb mehr vorübergehend auftreten. Die Gefahr der endgültigen Auflösung der Sekundärminerale durch Oberflächenwasser und Einmündung der Metallgehalte ins Gewässernetz besteht mehr bei unserem humiden-gemäßigten Klima als in ariden Gebieten. Deshalb tritt uns der ganze Zauber der Oxidationszonen von Erzlagerstätten mit einer Fülle auffällig gefärbter und zum Teil gut kristallisierter Minerale in Wüsten und Halbwüsten entgegen. Dort wurden viele Sekundärminerale gefunden und beschrieben. Das Vorkommen in Wüstengebieten geht schon aus manchen Mineralnamen hervor, z. B. beim **Atacamit,** $Cu_2[(OH)_3 \mid Cl]$. Zu den weniger zahlreichen, auch bei uns haltbaren Sekundärmineralen (Tab. 8, III) gehört der **Chlorargyrit (Hornsilber),** AgCl.

Häufig trifft die Verwitterungslösung bei ihrer Wanderung auf Karbonate, sei es, daß diese der Gangart angehören, sei es, daß sie Nebengestein bilden. Unter diesen Bedingungen werden viele Schwermetalle als Karbonatmineral ausgeschieden. Beispiele sind beim Kupfer der grüne **Malachit** und der blaue **Azurit** (beide Minerale auf Farbtaf. II, Bild 2, Seite 82), die als Schmucksteine Verwendung finden. Vom Zink besitzen die Galmeiminerale **Smithsonit (Zinkspat)** und **Hydrozinkit** (Abb. 45) Bedeutung. Als verbreitetes Sekundärmineral des Bleis ist der **Cerussit** (Farbtaf. II, Bild 2, Seite 82) zu nennen. All diesen Karbonaten werden wir beim Sammeln auf alten Halden und an Erzausbissen begegnen. Die farbigen Kupferminerale machen

uns auf die Anwesenheit des Metalls recht aufmerksam und verraten uns die Kupfervererzung. Ebenfalls zu den wichtigeren Sekundärmineralen zählen die beiden folgenden Silikate: als Kupfermineral mit grüner Farbe **Chrysokoll** und als Kieselgalmei der **Hemimorphit.**
So wie Kobalt und Nickel bereits als primäre Minerale mit Arsen arsenidische Verbindungen bilden, spielen als Minerale der Oxidationszone die Arsenate eine Rolle. Sie sind wegen ihrer auffallenden Farbe – das Nickelmineral **Annabergit** (Farbtaf. I, Bild 2, Seite 81) ist apfelgrün, die entsprechende Kobaltverbindung **Erythrin** (Farbtaf. III, Bild 1, Seite 99) pfirsichblütenrosa – ebenfalls wie die farbigen Kupferminerale Verräter oder Zeigerminerale für die entsprechenden Vererzungen. Ähnlich vielen anderen Sekundärmineralen bilden die Arsenate gern dünne, wie bestäubt wirkende Überzüge auf Gesteins- und Erzstücken. Darauf nehmen ihre volkstüm-

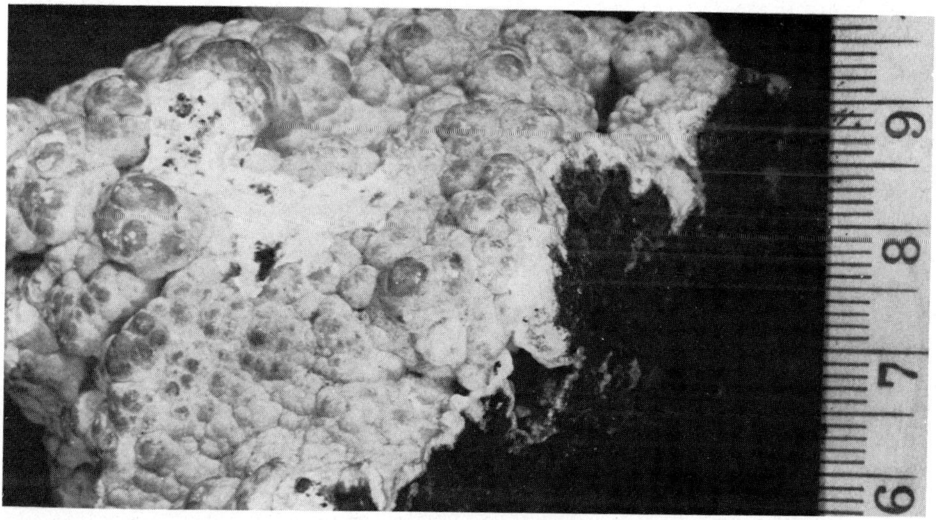

Abb. 45. Traubige Zinkblüte (Hydrozinkit). Fundort: Raibl, Italien.

lichen Namen **Nickelblüte** für Annabergit und **Kobaltblüte** für Erythrin Bezug. Mineralogische Ähnlichkeit mit den Arsenaten haben die Phosphate und Vanadate, die als Sekundärminerale des Bleis, Kupfers und Zinks hervortreten. Der **Pyromorphit,** $Pb_5[Cl \mid (PO_4)_3]$, ist unspezifisch farblos, grün, gelb, orange oder braun gefärbt. Zu seiner Bildung auf den Halden und Erzausbissen wird die Phosphatzufuhr durch Knochen und Dung, besonders von Weidevieh, beigetragen haben. Die dem Pyromorphit entsprechende Vanadiumverbindung **Vanadinit,** $Pb_5[Cl \mid (VO_4)_3]$, ist normalerweise rot, eventuell orange bis gelb oder braun (Farbtaf. III, Bild 3, Seite 99). Zwei weitere, durch Übergänge verbundene Vanadiumminerale sind der kupferreichere **Mottramit,** $Pb(Cu,Zn)[OH \mid VO_4]$ (oliv- bis schwärzlichgrün), und der zinkreichere **Descloizit,** $Pb(Zn,Cu)[OH \mid VO_4]$ (braunrot bis schwarz). Die Reihe der kräftig gefärbten Bleiminerale der Oxidationszone läßt sich fortsetzen mit dem **Wulfenit (Gelbbleierz),** $Pb[MoO_4]$ (gelb, orange bis rot) (Farbtaf. III, Bild 2, Seite 99), und dem seltenen **Krokoit (Rotbleierz),** $Pb[CrO_4]$ (leuchtend gelblichrot bis gelb).
Besonders groß ist die Zahl der sekundären Uranminerale, in denen das Uran ge-

wöhnlich in seiner aufoxidierten, sechsfach positiven Wertigkeitsstufe als Uranylkation, $[U^{VI}O_2]^{++}$, vorkommt. Sie lassen sich verteilen auf die Stoffgruppen der Hydroxide und Oxidhydrate, Karbonate, Sulfate, Phosphate, Arsenate, Vanadate und Silikate. Viele Einzelminerale fallen durch ihre grellen, häufig gelben oder giftig grünen Farben auf. Nach der Erscheinungsform können wir die Uranminerale bei erdiger Ausbildung auch als **Uranocker** bezeichnen, Ausblühungen und Beschläge nennen wir **Uranblüte** (Farbtaf. III, Bild 6, Seite 99); die **Uranglimmer** besitzen blättrigen Habitus, sind aber keine Silikate, sondern Uranylphosphate. Von den vielen Sekundärmineralen des Uran soll hier nur der **Carnotit,** $(K,Na,Ca,Cu,Pb)_2$ $[(UO_2)_2 \mid V_2O_8] \cdot 3\,H_2O$, einzeln genannt werden, da er in den bekannten Lagerstätten des Colorado-Plateaus hervortritt. Die Mineralformel zeigt eine enge geochemische Vergesellschaftung zwischen Uran und Vanadium im sedimentären Bereich an.

Aus dem Bisherigen geht bereits hervor, daß die Eisernen Hüte von Erzkörpern einen großen Anreiz auf Sammler ausüben. Die Oxidminerale liefern z. B. Rote, Braune und Schwarze Glasköpfe. Als ganz große Kostbarkeiten hält die Zementationszone Gediegen Kupfer und Silber bereit, die als charakteristisch geformte Gebilde gefunden werden. Häufig sind es unregelmäßige Bleche, Drähte und Klumpen. Das Silber kommt daneben in typischen Locken vor. Beide Metalle sind auch häufig moosartig und dendritisch ausgebildet. Aus der Oxidationszone gewinnen wir die Fülle der salzartigen Sekundärminerale. Sie können uns auf Stufen mit frei gewachsenen Kristallen entgegentreten. Ein und dasselbe Mineral begegnet uns dann wieder als zarte Ausblühung und feiner Beschlag. An anderer Stelle bildet es dicke Krusten mit knolliger, nierig-traubiger Oberfläche.

Wir wenden uns jetzt einigen weiteren Lagerstättentypen zu, die ihre Entstehung dem Einfluß der Verwitterung verdanken. In diese Gruppe gehören die wichtigen *silikatischen Nickellagerstätten.* Sie sind durch Verwitterung aus Olivin- und Serpentingesteinen hervorgegangen, in denen das Nickel bereits während der magmatischen Entwicklung geochemisch angereichert wurde. Während das Nickel ursprünglich als gegen Magnesium austauschbares Kation im Olivin eingebaut war,

Tafel 1

Bild 1 (links oben). Auf die Erzprobe aus Chromit (schwarz) werden wir durch den violettrosa gefärbten Kluftbelag, der aus Kämmererit besteht, aufmerksam gemacht. Fundort: Gölalan bei Guleman, Türkei.

Bild 2 (links Mitte). Derbes Stück Rotnickelkies, lichtkupferrot, metallisch glänzend. Daß es sich um ein Nickelerz handelt, verrät der grünlichweiße Belag aus Annabergit (Nickelblüte). Fundort: François River, NW Territory, Kanada.

Bild 3 (links unten). Probe aus einem Goldquarzgang. Der schwarze Pfeil weist auf Gediegen Gold, das nicht mit dem außerdem vorhandenen, ebenfalls metallisch glänzenden, lichtmessinggelben Pyrit verwechselt werden darf. Fundort: M'Popo, Angola.

Bild 4 (rechts oben). Pegmatitprobe. Die Hauptmasse bildet Quarz (dunkel, fettig glänzend). Darin eingebettet ist grüner Turmalin (Verdelith). Er zeigt langsäuligen Habitus mit deutlicher Längsstreifung. Als weitere Pegmatitminerale sind grobtafeliger Glimmer (glänzend, eine Tafel über den Zahlen 5 und 6 des Maßstabs) und der Natriumfeldspat Albit (weiß mit ebenen Spaltflächen) vorhanden. Fundort: Varuträsk, Schweden.

Bild 5 (rechts Mitte). Pegmatit mit Kalifeldspat (weiß), Glimmer (dunkel, auf den Tafelflächen glänzend) und gelbgrünem Beryll, von dem ein hexagonal-säuliger Kristall zu sehen ist. Fundort: Evje, Norwegen.

Bild 6 (rechts unten). Typisches Blei-Zinkerz aus einem hydrothermalen Gang. Die beiden Haupterzminerale sind Bleiglanz (grau, metallisch glänzend, links in feinkörniger, rechts daneben in grobkörniger Ausbildung) und Zinkblende (braun, mit „blendeartigem", halbmetallischem Glanz). Das Erz wird von weißen Quarzgängchen durchtrümert. Fundort: Grube Hilfe Gottes, Bad Grund, Harz.

bildet es in der Verwitterungszone nickelreiche Varietäten von Magnesium-Schichtsilikaten (Tab. 8, III). Zu nennen sind der **Pimelit** und die Serpentinminerale **Garnierit** (Farbtaf. III, Bild 5, Seite 99) und **Schuchardtit.** Trotz verschiedenartiger Ausbildung verraten sich die silikatischen Erzminerale des Nickels durch ihre grüne Farbe.

Welche Rolle spielt nun das Aluminium bei der Verwitterung? Grundsätzlich läßt sich feststellen, daß es wie Eisen bestrebt ist, in den Verwitterungsrückstand einzugehen. Dieser kann bei genügender mineralischer Reinheit Lagerstätten für Rohstoffe bilden. Welches Mineral gebildet wird, hängt sehr vom Klima ab. Die beiden wichtigsten Entwicklungslinien wollen wir an der Verwitterung der Feldspäte demonstrieren und nehmen dazu stellvertretend den Kalifeldspat. Unter den Bedingungen eines feuchten, kühlen oder gemäßigten Klimas, wie es z. B. in Mitteleuropa herrscht, entsteht das Tonmineral **Kaolinit** (Tab. 8, IV):

$$\underset{\text{Kalifeldspat}}{4\,K[AlSi_3O_8]} + 4\,H^+ + 18\,H_2O \rightarrow 4\,K^+ + \underset{\text{Kaolinit}}{Al_4[(OH)_8\,|\,Si_4O_{10}]} + 4\,H_4SiO_4$$

Größere Kaolinitlager haben sich über feldspatreichen Ausgangsgesteinen wie Graniten und Dioriten gebildet. Als Rohstoff dient Kaolinit zur Porzellanherstellung. Für die Gewinnung von Aluminium werden oxidische und hydroxidische Aluminiumminerale (Tab. 8, IV) benutzt, die bei der Verwitterung im warmen, wechselfeuchten Klima den Rückstand ausmachen. Die so gebildeten Aluminiumerze heißen **Bauxite** (s. Abb. 46).

$$\underset{\text{Kalifeldspat}}{K[AlSi_3O_8]} + H^+ + 7\,H_2O \rightarrow K^+ + \underset{\text{Gibbsit}}{Al(OH)_3} + 3\,H_4SiO_4$$

Von magmatischen Feldspatgesteinen leiten sich die Silikatbauxite ab, die als Hauptmineral **Gibbsit,** $Al(OH)_3$, enthalten. In Trichtern und Vertiefungen von Karbonatgesteinen haben sich die sogenannten Kalkbauxite vermutlich aus tonigem Material gebildet. Hier überwiegen **Böhmit** und **Diaspor,** zwei Modifikationen von $AlO(OH)$. Kalkbauxite kommen z. B. in Südfrankreich vor, dessen Ortschaft Les Baux namengebend für Bauxit war. Die Bauxite sind nur selten wie die reinen Minerale weiß; häufiger werden sie durch Beimengungen von Eisenmineralen gelb bis braun gefärbt. Abgesehen von festen bis erdigen Massen begegnen uns zellig wabige Strukturen sowie *oolithische* (fischrogenförmige), *pisolithische* (erbsenartige) und knollige Gebilde, die wir als *Konkretionen* bezeichnen. Derartige Wachstumsformen sind typisch für den sedimentären Bereich im weiteren Sinne. Sie entstehen

Tafel 2

Bild 1 (links oben). Violetter und grüner Flußspat aus einem hydrothermalen Gang. Die rötlich gefärbten Säume und Bänder, durch die große Flußspatkristalle winkelig umrandet werden, bestehen aus Baryt. Fundort: Wölsendorf, Bayern.

Bild 2 (links unten). Mineralstufe aus der Verwitterungszone mit Sekundärmineralen von Kupfer und Blei: Malachit (grün, in radialstrahligen Aggregaten, Azurit (blau), Cerussit (farblos, rhombische Tafeln). Fundort: Bisbee, Arizona.

Bild 3 (rechts oben). Stufe von Manganspat (rosa) in rhomboedrischen Kristallen, dazwischen Brauneisen. Fundort: Trepča, Jugoslawien.

Bild 4 (rechts Mitte). Derbes Stück aus Realgar (orange) und Auripigment (gelb). Fundort: Soterrana, Asturien.

Bild 5 (rechts unten). Erzprobe, bestehend aus Zinnober (dunkelrot) mit zahlreichen kleinen Kügelchen aus Gediegen Quecksilber. Fundort: Almaden, Spanien.

Abb. 46. Gewaschenes Bauxiterz. Fundort: Rio Trombetas, Amazonas, Brasilien.

immer dann, wenn eine lückenlose Mineralausscheidung an der Oberfläche vorhandener fester Teilchen erfolgt.

Nicht nur die Kalkbauxite sind an Karbonatgesteine gebunden, sondern auch die im Verwitterungsbereich gebildeten Phosphatlagerstätten. Allgemein liegen die Verhältnisse so, daß phosphorsäurehaltige Verwitterungslösungen von oben in die karbonatischen Gesteinskörper eindringen und die Karbonatminerale, hauptsächlich Calcit, durch **Karbonatapatit,** $Ca_5[F \mid (PO_4,CO_3OH)_3]$, und **Hydroxylapatit,** $Ca_5[OH \mid (PO_4)_3]$, (beide Tab. 8, IV) verdrängen. Primär stammt die Phosphorsäure meist aus überlagernden Mergeln, Ergußgesteinen und Tuffen, die sich durch deutliche Phosphatgehalte auszeichnen. Ein wichtiger Sonderfall sind sekundäre Phosphatlagerstätten über Karbonatiten. Auch dabei trifft wieder günstig zusammen, daß ein Karbonatgestein vorhanden ist, das hier von apatitreichen Magmatiten der Alkaligesteinsgesellschaft begleitet wird.

Die meisten Minerale, die uns als typische Neubildungen der Verwitterungszone begegnen, sind weicher als Quarz. Das beeinträchtigt grundsätzlich ihre Verwendbarkeit als Schmucksteine. In einzelnen Fällen, wir erwähnten **Malachit** $Cu_2[(OH)_2 \mid CO_3]$ und **Azurit** $Cu_3[OH \mid CO_3]_2$, sieht man wegen der schönen Färbung über diesen Mangel hinweg. Das gleiche gilt für zwei weitere Sekundärminerale des Kupfers, nämlich Dioptas und Türkis (beide Tab. 8, III). **Dioptas,** $Cu_6[Si_6O_{18}] \cdot 6\,H_2O$, ist ein wasserhaltiges, grün gefärbtes Kupfersilikat, das im Gegensatz zu Chrysokoll in schönen Kristallen vorkommt (s. Abb. 19). Sie werden im Ausgehenden von Kupferlagerstätten in Drusen auf Gesteinsklüften gefunden, sind jedoch verhältnismäßig selten, weshalb der Dioptas als Erzmineral keine Bedeutung besitzt.

Türkis, $CuAl_6[(OH)_2 \mid PO_4]_4 \cdot 4\,H_2O$, ist ein komplexes Phosphatmineral mit wechselnder Zusammensetzung (Farbtaf. III, Bild 4, Seite 99). Seine Farbe schwankt in einem Stück gewöhnlich zwischen weiß, himmelblau und blaugrün. Seltener sind die grünen Türkise, bei denen Aluminium durch Eisen ersetzt ist. Allgemein bildet sich das Mineral als feinkristalline Masse auf Spalten von verwitternden Gesteinen. In Frage kommen z. B. Trachyte, aber auch Mergel, grundsätzlich Gesteine, die erstens aus zersetzbaren Aluminiumsilikaten bestehen, zweitens primär einen hohen Phosphatgehalt aufweisen und drittens von sulfidischen Kupfermineralen imprägniert waren. Die Türkismasse wird meist von dunklen Äderchen aus Resten des verdrängten Gesteins, der sogenannten Matrix, durchzogen. Wenn wir einen geschliffenen Schmuckstein aus Türkis anfeuchten, beobachten wir, daß sich die Farbe vertieft. Aufgrund feinster Porösität nimmt das Mineral Wasser auf und trocknet nur langsam.

Im Zusammenhang mit Schmucksteinbildungen, die Gesteinsumwandlungen in den oberen Teilen der Erdkruste zur Ursache haben, sind auch die feinstkristallinen und amorphen Kieselsäurevarietäten zu nennen. Am bekanntesten sind die **Achatmandeln,** die in vulkanischen Gesteinen als Ausfüllungen von Blasenhohlräumen mit verschiedenfarbig gebändertem **Chalcedon** entstanden sind. Auf ein solches Vorkommen gründet sich die Schmucksteinindustrie von Idar-Oberstein. Chalcedon ist eine mikrokristalline Quarz-Varietät mit meist faserigem Aufbau. Sie bildet sich bei niedrigen Temperaturen durch Auskristallisation von Kieselsäure. In den Ergußgesteinen und ihren Tuffen wird Kieselsäure in verstärktem Maße frei durch Vorgänge, die in typischer Weise nach der magmatischen Entstehung ablaufen und damit zusammenhängen, daß diese Gesteine zum großen Teil aus abgeschrecktem Glas bestehen. Dieses ist nämlich auf die Dauer nicht stabil, sondern entglast, d. h. es kristallisiert zu feinstkörnigen Feldspäten, Quarz und Schichtsilikaten, während lösliche Alkalisilikate von der Flüssigkeit, die im Porenvolumen zirkuliert, mitgeführt werden. Aus solchen Lösungen kann sich bei genügend saurer Reaktion Kieselsäure abscheiden, wobei das Naheliegendste ist, daß sie die größeren, ehemaligen Gasblasen im Gestein auskleidet. Statt oder außer Achat enthalten die Mandeln nicht selten **Amethystdrusen.** Achatknollen, die zum Teil noch mit Wasser gefüllt sind, werden **Enhydros** genannt. Im Vergleich zum gewöhnlichen Achat sind die einzelnen Lagen bei **Onyx** und **Sardonyx** dicker, so daß sich daraus Gemmen schneiden lassen. Farbvarietäten von Chalcedon sind **Carneol,** blutrot bis gelblich, **Sarder,** braun, und **Chrysopras,** der durch Nickel lichtgrün gefärbt ist. Wie der Name **Moosachat** zum Ausdruck bringt, besteht sein Reiz in fein dendritischen, grünen und braunen Einschlüssen. **Jaspis** ist undurchsichtig und intensiv gefärbt. Davon sind der dunkelgrüne **Plasma** und der **Heliotrop,** ebenfalls grün mit roten Flecken, besonders schöne Abarten. Im Gegensatz zum Chalcedon besitzt **Opal** noch seine ursprüngliche Gelnatur. Er besteht aus Kieselsäure und mehr oder weniger Wasser. Dieser Wassergehalt ist bei den in allen Farben spielenden **Edelopalen** wesentlich für ihr „Feuer“. Wenn sie ihr Wasser verlieren, werden sie trübe und gehen in **Hydrophan (Milchopal)** über. Schließlich sei noch der wegen seiner feuerroten Farbe geschätzte **Feueropal** erwähnt.

Tabelle 8: Minerale der Verwitterungsbildungen

I. Erdige oder glaskopfartige Oxidminerale der Eisernen Hüte von Erzkörpern.

Brauneisen (Limonit, vorherrschend **Goethit**): Siehe Tab. 7, IV.

Eisenocker: *Erdige,* zerreibliche Substanz aus überwiegend Brauneisen, mit Bei-

mengungen von Tonmineralen und färbenden Oxidmineralen des Eisens und Mangans. Mineralfarbe und Strich sind *gelb, braun* oder *rot.* Danach werden unterschieden: **Gelber Eisenocker, Brauner Eisenocker** und **Roter Eisenocker.** (Die Rotfärbung wird durch Hämatit hervorgerufen; Manganverbindungen ergeben dunkle Brauntöne.)
Brauner Glaskopf: Nierig-traubige Massen mit glatter Oberfläche; Strichfarbe *gelbbraun bis schwärzlichbraun;* Hauptmineral ist Goethit.
Hämatit und **Roter Glaskopf:** Siehe Tab. 7, IV.
Pyrolusit und **Schwarzer Glaskopf:** Siehe Tab. 7, IV.
Kryptomelan, $K_{\leqq 2}Mn_8O_{16}$, und **Psilomelan,** $(Ba,Mn^{II})_3(O,OH)_6Mn_8O_{16}$: Mineralkomponenten des Schwarzen Glaskopfes; Mineralfarbe schwarz; Strich *schwarz bis schwärzlichbraun;* mit dem Stahlnagel meist ritzbar, eventuell aber auch härter.
Antimonocker: Mineralfarbe und Strich weiß, gelb oder braun; erdige, feste oder zerreibliche Krusten und Massen, feine Anflüge oder feinfaserig. Verwitterungsprodukt von Antimonit, Antimonfahlerz und komplexen Blei-Antimon-Sulfiden.
Wismutocker: Mineralfarbe und Strich gelb bis *grünlichgelb;* erdig oder feinfaserig, derb eingesprengt, Ausblühungen und Überzüge. Verwitterungsprodukt von Gediegen Wismut und Wismutglanz.
Vanadiumocker: Mineralfarbe und Strich gelb, *braun,* rotbraun bis schwarz; erdige oder faserige Krusten und Überzüge; kommt z. B. in den Uran-Vanadiumerzen des Colorado-Plateaus vor.
Uranocker: *Gelb,* orange oder bräunlich; Strich gelb bis blaßbräunlich; dicht oder locker, gummiartig; Verwitterungsprodukt von Uraninit. Charakteristisch sind konzentrisch aufgebaute Aggregate aus verschiedenfarbigen Sekundärmineralen des Urans.
Molybdänocker: Mineralfarbe und Strich *gelb, braun oder blauschwarz;* Anflüge, faserige, strahlige Ausblühungen und Überzüge; Verwitterungsprodukt von Molybdänglanz und Wulfenit.
Wolframocker: Mineralfarbe und Strich *gelb* bis grünlich oder bräunlich; erdige Mineralgemenge und Überzüge. Selteneres Verwitterungsprodukt, da Wolframit und Scheelit (S. 128) in der Oxidationszone verhältnismäßig stabil sind.

II. Silber- und Kupferminerale der Zementationszone von Erzkörpern.
Gediegen Silber, Gediegen Kupfer, Bornit: Siehe Tab. 7, I.
Kupferkies: Siehe Tab. 4.
Silberglanz, Kupferglanz, Covellin und **Pyrargyrit:** Siehe Tab. 7, II.
Proustit: Siehe Tab. 7, III.

III. Salzartige und silikatische Sekundärminerale von Schwermetallen.
Anglesit, $PbSO_4$: *Weiß;* mit Stahl *leicht ritzbar;* spröd, muscheliger Bruch; meist derb, nierig und krustig, seltener nadelige, säulige oder tafelige Kristalle; wie der ähnliche Cerussit ein Verwitterungsprodukt von Bleiglanz, aber seltener als dieser.
Jarosit, $KFe^{III}_3[(OH)_6 | (SO_4)_2]$: *Ockergelb bis braun,* abfärbend; weich; erdig, faserig, schuppig; in Krusten, auch mit traubiger Oberfläche; entsteht bei der Pyritverwitterung und kann leicht mit Brauneisen verwechselt werden.
Chlorargyrit (Hornsilber), AgCl: *Grau; Strich glänzend; geschmeidig, schneidbar,*

mit dem Fingernagel ritzbar; derb, parallelfaserig; erinnert an Wachs oder Horn, bildet Krusten und Häute.

Malachit, $Cu_2[(OH)_2 | CO_3]$: Mineralfarbe smaragdgrün, *spangrün* oder schwärzlichgrün; Strich hellgrün; mit Stahl *leicht ritzbar; braust mit heißer, verdünnter Salzsäure, wird von Ammoniaklösung intensiv blau gelöst;* meist Anflüge und Überzüge, auch dicke Krusten mit nierig-traubiger Oberfläche und Konkretionen mit Faserbruch und konzentrisch schaliger Bänderung, die als Schmucksteine verarbeitet werden. Seltener sind nadelige Kristalle ausgebildet.

Azurit, $Cu_3[(OH) | CO_3]_2$: Mineralfarbe *lasurblau;* Strich kobaltblau; mit Stahl *leicht ritzbar; braust mit heißer, verdünnter Salzsäure, wird von Ammoniaklösung intensiv blau gelöst;* derb, erdig, Überzüge und Krusten nierig-traubig, aber auch selbst große Kristalle sind ausgebildet. Deren Habitus ist tafelig, kurzsäulig, prismatisch oder nadelig. Azurit wird in größerer Tiefe als Malachit gebildet und wandelt sich an der Oberfläche in diesen um.

Smithsonit (Zinkspat), $ZnCO_3$: Farblos oder durch Beimengungen verschieden gefärbt; mit Stahl *ritzbar; braust mit heißer, verdünnter Salzsäure;* überwiegend nierig, traubig, schalig gebändert, dicht oder strahlig, faserig; Verwitterungsprodukt von Zinkblende, Komponente der Galmeierze.

Hydrozinkit, $Zn_5[(OH)_3 | CO_3]_2$: *Weiß;* mit Stahl *sehr leicht ritzbar; braust mit heißer, verdünnter Salzsäure;* erdig, kreidig, Krusten und nierig-traubige Konkretionen mit schaligem Aufbau; Verwitterungsprodukt von Zinkblende, Komponente der Galmeierze.

Cerussit, $PbCO_3$: Weiß oder durch Beimengungen verschieden gefärbt; mit Stahl *leicht ritzbar;* sehr spröd; *braust mit heißer, verdünnter Salzsäure;* körnig bis dicht, erdig, nadelige und garbenförmige Aggregate; Kristalle tafelig oder säulig, pseudohexagonal, häufig Zwillinge und Drillinge; häufigstes Verwitterungsprodukt von Bleiglanz.

Chrysokoll, $Cu_4H_4[(OH)_8 | Si_4O_{10}]$: *Spangrün bis grünlichblau;* Strich mit entsprechender blasser Farbe; mit Stahl *leicht ritzbar; in Salzsäure unter Abscheidung von pulveriger Kieselsäure löslich; beim Alkalischmachen mit Ammoniaklösung erscheint eine tiefblaue Färbung;* muscheliger Bruch; meist nierig-traubige oder krustenförmige Gelbbildung oder erdig.

Dioptas, $Cu_6[Si_6O_{18}] \cdot 6\ H_2O$: *Smaragdgrün, dunkelgrün,* durchscheinend bis durchsichtig; Strich grün bis bläulichgrün; mit Stahl *ritzbar; in Salzsäure unter Abscheidung von gallertiger Kieselsäure löslich, desgleichen in Ammoniaklösung unter intensiver Blaufärbung.* Normalerweise *in Drusen aufgewachsene, hexagonal säulige Kristalle mit rhomboedrischer Begrenzung* (s. Abb. 19, Seite 37).

Hemimorphit, $Zn_4[(OH)_2 | Si_2O_7] \cdot H_2O$: Weiß oder durch Beimengungen verschieden gefärbt; mit Stahl *ritzbar;* körnig bis dicht, faserig, krustig, nierig-traubig oder fächerartige Kristallaggregate, säulige oder tafelige Kristalle. Der Mineralname nimmt Bezug auf die nicht selten deutlich ausgebildete *Hemimorphie,* d. h. in diesem Falle sind die beiden Kristall-Endigungen mit verschiedenen Formen, also nicht symmetrisch zueinander ausgebildet. Verwitterungsprodukt von Zinkblende, Komponente der Galmeierze.

Garnierit, $(Ni,Mg)_6[(OH)_8 | Si_4O_{10}]$, ein Nickelserpentin: *Smaragdgrün,* gelb- oder blaugrün; Strichfarbe entsprechend; mit Stahl *ritzbar;* muscheliger oder ebener scharfkantiger Bruch; *nierig-traubige, gebänderte Krusten* mit feinfaserigem Aufbau; bildet häufig ein Netzwerk in Serpentinbreccien und verwitterten rot, braun oder grau gefärbten Massen.

Schuchardtit, $(Ni,Mg,Al)_6[(OH)_8 \mid (Al,Si)Si_3O_{10}]$, ebenfalls eine Serpentinvarietät: Lebhaft *grün* oder gelbgrün; Strich entsprechend; *weich, fühlt sich fettig an; blättrig schuppig,* in Platten und Knollen.

Pimelit, $(Ni,Mg,Fe)_3[(OH)_2 \mid (Al_x,Si)Si_3O_{10}] \cdot (\frac{1}{2}\,Ca,Na)_x(H_2O)_4$, ein nickelhaltiges Tonmineral: Mineral- und Strichfarbe *grün; mit dem Fingernagel ritzbar;* feucht: schmierig-seifig, trocken: specksteinartig dicht.

Annabergit (Nickelblüte), $Ni_3[AsO_4]_2 \cdot 8\,H_2O$: *Nickelgrün, weißlichgrün;* Strich blaßgrün; *weich;* meist als *Ausblühung oder Beschlag,* pulverig, schuppig oder nadelige Kristalle, die selten deutlich ausgebildet sind.

Erythrin (Kobaltblüte), $Co_3[AsO_4]_2 \cdot 8\,H_2O$: *Pfirsichblütenrosa,* dunkelrosa; Strich blaß rosa; *weich,* meist als *Ausblühung oder Beschlag,* büschelige, radialstrahlige Aggregate; nadelige, haarförmige Kristalle, selten deutlich ausgebildet.

Türkis, $CuAl_6[(OH)_2 \mid PO_4]_4 \cdot 4\,H_2O$: Fast weiß, *himmelblau,* blaugrün bis apfelgrün; *Strich weiß;* mit Stahl schwer ritzbar; spröd, muscheliger Bruch; dicht bis porös, nierig, traubig, Überzüge und Ausfüllungen von Klüften.

Pyromorphit, $Pb_5[Cl \mid (PO_4)_3]$: Meist *grün,* aber auch weiß, gelb oder braun; mit Stahl *leicht ritzbar;* meist traubig, krustig, Überzüge und Anflüge bildend, erdig, seltener strahlig, faserig, hexagonale Kristalle säulig, oft tonnenförmig bauchig, dicktafelig oder dipyramidal.

Vanadinit, $Pb_5[Cl|(VO_4)_3]$: *Rot,* orange bis gelb oder braun; gleicht ansonsten dem Pyromorphit.

Mottramit, $Pb(Cu,Zn)[OH \mid VO_4]$: Oliv- bis schwärzlich-*grün;* mit Stahl *leicht ritzbar;* traubige, radialstrahlige Konkretionen und Krusten.

Descloizit, $Pb(Zn,Cu)[OH \mid VO_4]$: *Braunrot* bis schwarz; sonst wie Mottramit; bildet auch rhombische Kristalle mit säuligem, tafeligem oder dipyramidalem Habitus aus.

Wulfenit, $Pb[MoO_4]$: *Gelb,* orange bis rot; mit Stahl *leicht ritzbar;* meist tafelige, aufgewachsene Kristalle.

Krokoit, $Pb[CrO_4]$: Leuchtend *gelblichrot* bis gelb; Strich orangegelb; *weich;* derb eingesprengt, Anflüge, Kristalle säulig, nadelig.

Carnotit, $(K,Na,Ca,Cu,Pb)_2[(UO_2)_2 \mid V_2O_8] \cdot 3\,H_2O$: *Gelb,* grünlich, bzw. durch Brauneisen oder kohlige Substanz gefärbt; *weich; radioaktiv;* erdig, nierig, traubig; eventuell sehr kleine, undeutliche, blättrige Kristalle; Imprägnationen und Kluftbeläge in uranführenden Sandsteinen.

IV. Minerale von Rohstofflagern in der Verwitterungszone.

Kaolinit, $Al_4[(OH)_8|Si_4O_{10}]$: *Weiß,* gelblich, grünlich oder rötlich; *mit dem Fingernagel ritzbar; fühlt sich fettig an;* beim Anhauchen Tongeruch; erdige Massen, die eventuell die Gefüge des Ausgangsgesteins erkennen lassen.

Bauxit, Gemenge von **Gibbsit,** $Al(OH)_3$, **Böhmit,** $AlO(OH)$, und **Diaspor,** $AlO(OH)$: *Gelb,* braun oder rot, selten weiß; wird meist leicht von Stahl geritzt, während reiner Diaspor härter ist; dicht, fest bis erdig, *zellig aufgebaute Massen, nierig, traubige Konkretionen, oolithisch, pisolithisch.*

Apatit mit den Einzelmineralen **Karbonatapatit,** $Ca_5[F \mid (PO_4,CO_3OH)_3]$, und **Hydroxylapatit,** $Ca_5[OH \mid (PO_4)_3]$: Grauweiß, gelblich bräunlich bis schwärzlich; mit dem Stahlnagel *ritzbar; löst sich in verdünnter Salpetersäure;* dicht, eventuell im Gemenge mit Karbonat, Quarzsand oder Ton, fest oder erdig, auch knollig, nierig, traubig.

Wir waschen Gold

Jeder, der einmal **Gold** gewaschen hat, wird bestätigen, daß diese abenteuerliche Tätigkeit, wenigstens ehe sie zur Routine geworden ist, zu den packendsten Erlebnissen gehört (s. Abb. 47). Wahrscheinlich liegt es an der uns tief eingewurzelten Vorstellung von der Kostbarkeit, dem Wert, den das Edelmetall in fast allen menschlichen Kulturen gehabt hat. An den Zufall, beiläufig einen großen Schatz zu gewinnen, glaubt bei nüchterner Überlegung wohl niemand mehr. Doch erst einmal mit der Unternehmung befaßt, können wir nicht verhindern, daß uns prickelndes Goldfieber überkommt. Das Vergnügen sollten wir uns gönnen, wenn wir eine Rei-

Abb. 47. Goldwäscher bei der Arbeit mit Waschpfannen und Betrieb eines Waschgerinnes.

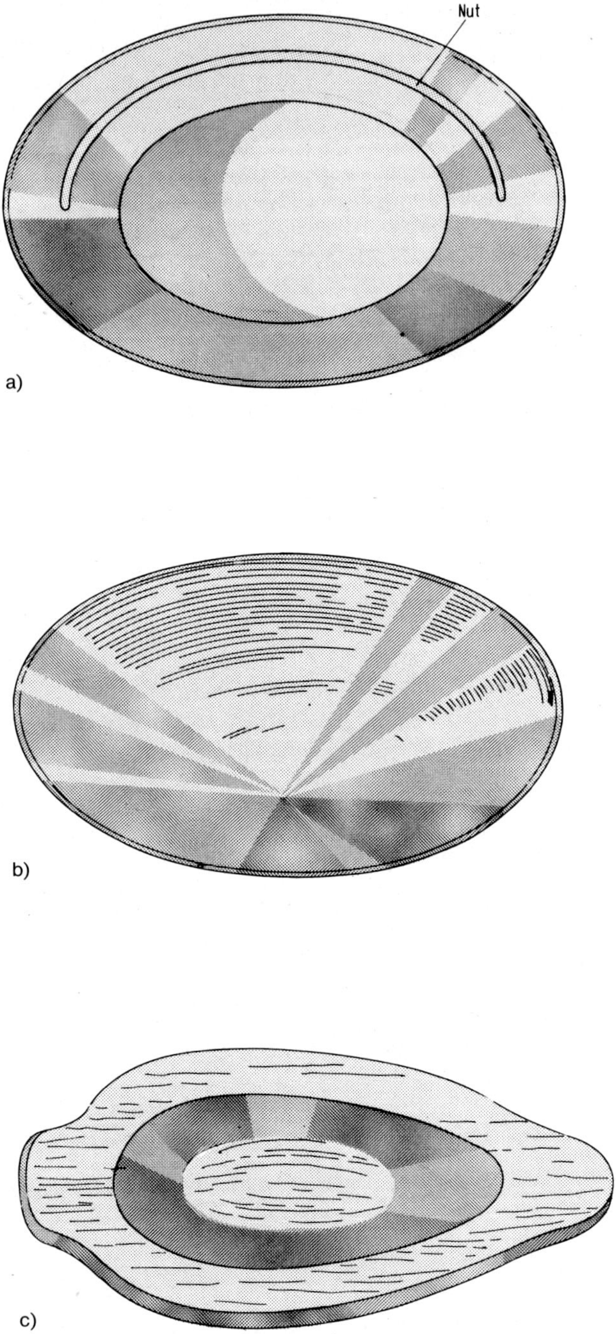

Abb. 48. Verschiedene Typen von Sichertrögen für das Auswaschen von Schwermineralkonzentraten: a) kalifornische Waschpfanne, b) chinesische Waschpfanne, c) Freiberger Sichertrog.

se nach Finnisch-Lappland geplant haben. In den auf Tourismus eingestellten Städten wie Ivalo am Inarisee können wir erfahren, wo zur Zeit Gold gewaschen wird. Gegen ein Eintrittsgeld leitet uns dort der Konzessionsinhaber bei der Arbeit an und stellt uns seine Geräte zur Verfügung.

Seit Jahrhunderten bedient man sich zum Nachweis des Goldes in den Flußablagerungen und weniger zur eigentlichen Gewinnung sogenannter *Waschpfannen* oder *Sichertröge* (Abb. 48). Am einfachsten ist die chinesische Form: kreisrund und kegelförmig vertieft. Mit solchen Pfannen aus Stahl- oder Aluminiumblech von etwa 45 cm Durchmesser, deren Seiten unter 25° oder steiler abfallen, läßt sich sauber arbeiten. In Abwandlung dazu besitzen die kalifornischen Waschpfannen einen flachen Boden und eventuell eine flache Rinne in ihrem Rand. Sie erleichtert die letzte Trennung zwischen Gold und den begleitenden Schwermineralen, indem das Gold in der Rinne zurückgehalten wird. Dann gibt es noch den Freiberger Sichertrog. Dabei handelt es sich um eine langovale, flach ausgemuldete, aus Holz gearbeitete Wanne, die sich an den Schmalseiten handlich anfassen läßt. Diese Form ist z. B. bei Heiligenblut in der Nähe des Großglockners in Gebrauch, wo die Möglichkeit besteht, das berühmte Tauerngold zu waschen.

Der Waschvorgang selbst läßt sich schwer beschreiben. Er erfordert Geschick und Übung. Zunächst wird mit einem Spaten Material aus der goldhöffigen Schicht auf die Pfanne aufgegeben. Dann begibt man sich, am besten mit Gummistiefeln an den Füßen, ans Wasser und taucht die Pfanne unter. Durch kreisende, rüttelnde Bewegungen werden die gröberen und leichteren Teile nach oben gebracht, während die spezifisch schweren Mineralkörner ins Muldentiefste sinken. Das über die Waschpfanne strömende Wasser nimmt die feine Tontrübe mit fort. Die Hauptmenge der körnigen, tauben und leichten Mineralfraktion läßt man durch rotierende Schaukelbewegungen über den Rand gleiten. Grobe Kieselsteine lesen wir am besten mit der Hand aus und vermindern dadurch das Gewicht der Pfanne, die wir nun aus dem Wasser herausheben.

Jetzt erfolgt das Waschen behutsamer und unter kleineren Bewegungen. Mit dem Wasser, das ab und zu durch Abtauchen des Troges nachgeschöpft wird, spülen wir den restlichen hellen Quarzsand über den Rand, zurück bleibt die *Schwermineralfraktion* als schwarzer Sand. Die dunkle Farbe rührt normalerweise von den angereicherten Erzmineralen **Magnetit, Ilmenit, Rutil** und **Hämatit** sowie eisenreichen Silikaten her. Bei wissenschaftlichen Prospektionsuntersuchungen lassen sich die Minerale aufgrund ihrer unterschiedlichen magnetischen Eigenschaften mit Hilfe eines Magnetscheiders weiter aufgliedern. Das gelingt schon mit einem einfachen Taschenmagnetscheider nach Wilke, bei dem sich der Abstand des Magneten zu dem getrockneten, auf einem Blatt Papier ausgebreiteten Probegut variieren läßt. Man beginnt mit dem größten Abstand und trennt dabei als erstes den stark magnetischen Magnetit ab. Diese Untersuchungen werden wir vornehmen, wenn wir schwarz gefärbte Strandseifen gesammelt haben.

Doch nun zurück zum Waschen. Mit einem geschickten Schwung, der das Wasser über den Pfannenrand nach außen treibt, können wir den verbliebenen Inhalt flach auf der Unterlage ausbreiten. Es werden sich dann einzelne Zonen oder Schweife zeigen, die unterschiedlich gefärbt sind und verschiedenen Mineralarten zugehören. Häufig erkennen wir in reichlicher Menge vorhandenen rötlichen **Granat,** der sich als nächstes nach dem Quarz leicht von den schwarzen Mineralen abtrennen läßt. Besonders zu achten ist auf goldgelbe oder grünlichbraune Schlieren, die aus **Monazit** (siehe Tab. 5, IV) bestehen können. Dieses Cermineral ist manchmal wertvoller Bestandteil in Goldseifen. Aufgrund seines Thoriumgehaltes läßt es sich durch eine Radioaktivitätsmessung diagnostizieren. Aber das interessiert uns jetzt alles nicht so sehr wie das Gold. Da leuchtet auch schon ein winziger Punkt goldgelb auf. Wir werden nun versuchen, dieses und jedes neu entdeckte Goldkörnchen zur Mitte der Pfanne hin zurückzuspülen. Nichtsdestoweniger müssen wir fortfahren, jeweils eine kleine Portion des schwarzen Sandes mit etwas Wasser in einer dünnen Schicht auf dem Rande auszubreiten und langsam, beinahe Korn für Korn über den Rand rollen zu lassen. Dabei passen wir scharf auf Goldkörner auf, damit sie nicht verlorengehen. Zum Schluß haben wir das Gold rein gewonnen. Bei der zu erwartenden geringen Menge von einigen Flitterchen drücken wir am einfachsten einen Streifen

durchsichtiges Klebeband darauf, das wir anschließend umknicken, so daß unsere Ausbeute gut sichtbar und unverlierbar dazwischen eingeschlossen bleibt. Es ist auch gar nicht gesagt, daß wir in jeder ausgewaschenen Schüssel voll Sediment Gold übrig behalten. Alles, was eine Korngröße unter $50\ \mu m = 0{,}05$ mm besitzt, läßt sich mit unserer Methode der Schlichanalyse, die auf Schwerkraftsichtung beruht, sowieso nicht gewinnen. Das kann uns jedoch nicht davon abhalten, die Pfanne immer wieder nachzufüllen. Schließlich haben wir soeben gehört, daß vor kurzem ein erbsengroßer Klumpen, ein sogenanntes „Nugget", gefunden wurde. Warum sollte uns das nicht auch gelingen?
Allmählich geraten wir so in Eifer, daß wir der vorsorglich angezogenen dicken Oberbekleidung nicht mehr bedürfen. Nachdem ein erfahrener Goldwäscher mehrfach korrigierend eingriff, handhaben wir die Waschpfanne schon geschickter und mit größerem Erfolg. Übrigens müssen wir bei den langgestreckten Freiberger Sichertrögen hauptsächlich in deren Längsrichtung, also quer zum Körper, schwenken, um eine Trennung zu erreichen.
Wie eingangs erwähnt, dient das Goldwaschen mit der Pfanne hauptsächlich dazu, eine goldführende Ablagerung oder sogar eine gangförmige Goldlagerstätte im anstehenden Gestein zu finden. Das Gold gehört zu den *chemisch sehr widerstandsfähigen* Mineralen. Obwohl es sehr weich ist, wird es auch *durch mechanische Beanspruchung nicht zerstört,* denn das Metall ist so duktil, daß es ohne Bruch beliebig verformt werden kann. So erträgt das Mineral unbeschadet die Verwitterung an den Ausbissen seiner primären Vererzungen. Durch Hangrutsch und Abtragung gelangt es in die Lockermassen, die von Bächen und Flüssen aufgenommen und weitertransportiert werden. Auch dabei bleiben die Goldkörner erhalten, wenn sie auch zu dünnen Blättchen und Flittern ausgewalzt werden. Daß wir das Gold als *Seifenmineral* trotz einer Verfrachtung über Strecken von über hundert Kilometer Länge in den Flußsedimenten wiederfinden und der Goldsucher in entgegengesetzter Richtung vom Hauptfluß über die goldführenden Nebenflüsse schließlich zum Ausgangsort zurückgeleitet wird, liegt an der *hohen Dichte* des Minerals. Je nach Silbergehalt liegt sie zwischen 15,6 und 19,4 (g/cm^3) verglichen mit 2,6 (g/cm^3) bei Quarzsand. Deshalb reichern sich die Goldteilchen unmittelbar auf dem festen Boden des fließenden Gewässers an. Später bleiben sie an bevorzugten Stellen des Flußlaufes liegen, auf die der Prospektor sein besonderes Interesse richtet. Solche Goldfallen liegen z. B. direkt vor und hinter Riegeln aus härteren Gesteinsrippen im Fluß; ebenso häufig sind Kolke unterhalb von Stromschnellen und Wasserfällen. Viele Anzeichen deuten nun darauf hin, daß Gold auch in Lösung gehen kann und später als gediegenes Metall wieder ausgeschieden wird. So findet man z. B. in den Seifen scharfkantige Goldkristalle, die am leichtesten als Neubildungen anzusehen sind, da sie keine Abrollungsspuren aufweisen. Weiterhin stellen die Nuggets typische Konkretionen mit der charakteristischen nierig-traubigen Form dar, wie sie primär wohl kaum vorkommen. Eine Lösung von Gold, wenigstens in kolloidaler Form, ist sicherlich immer dann zu erwarten, wenn ursprünglich die leicht verwitternden Goldtelluride oder goldhaltige Sulfide vorlagen. Auch eine Oxidation des Edelmetalls Gold ist möglich, allerdings müssen wir die einfachen Kationen Au^+ und Au^{3+} ausschließen, da sie außerhalb des chemischen Laboratoriums nicht existieren können.

Dagegen ist der Komplex $[Au^{III}Cl_4]^-$ unter sauren oxidierenden Bedingungen und bei Anwesenheit von Chloridionen stabil. Als Oxidationsmittel kommen Luftsauerstoff, Oxidminerale des vierwertigen Mangans sowie Fe^{3+}- und Cu^{++}-Ionen in Frage. Damit läßt sich prinzipiell eine Goldauflösung erklären. Weil die erforderlichen chemischen Agenzien jedoch nur gelegentlich in ausreichenden Konzentrationen zusammentreffen, wird in der Natur immer wieder das elementare Gold zurückgebildet.
An den Plätzen, wo Gold gewaschen wird, d. h. wo irgendwann einmal mit der Waschpfanne eine Goldseife entdeckt wurde, geht man bald dazu über, einfache Waschanlagen zu bauen, die einen Durchsatz von größeren Mengen erlauben. Die Goldwäscher richten sich dann *Waschgerinne* ein (s. Abb. 47, Seite 89), deren einzelne Abschnitte jeweils aus drei Brettern bestehen; das eine bildet den 30 bis 40 cm breiten Boden, die anderen beiden die ungefähr 20 cm hohen Seitenwände. Das eigentliche Funktionsprinzip der Goldaussonderung ist an 1 bis 3 cm hohe Querleisten geknüpft, die in 50 bis 60 cm Abstand auf dem Boden und gut zwischen den Seitenwänden passend angebracht sind. Hinter diesen Leisten fängt sich das Gold, wenn am oberen Ende der schräggestellten Rinne Sediment aufgegeben und mit reichlich strömendem Wasser herabgespült wird. Das Wasser wird mit einem vom Bache abgezweigten Arbeitsgraben zum Eingang der Waschanlage geführt. Dort sollte sich ein Sieb vor der Rinne befinden, das den Kies zurückhält und nur die Sandkorngrößen passieren läßt. Wie stark die Rinne am zweckmäßigsten geneigt ist, hängt vom zu waschenden Material ab. Als Anhaltspunkt können 5 bis 10° Anfangsneigung gelten. Spätere Verflachung ist günstig. Auch die Leistenhöhe soll gegen das Ende zu abnehmen. Überhaupt gibt es bei der im ganzen doch recht primitiven Konstruktion zahlreiche Feinheiten, die sich bewährt haben und deshalb immer wiederkehren; dazu gehören z. B. in abwechselndem Sinne etwas schräg eingesetzte Querleisten. Auf die Verwendung von Quecksilber zum Auffangen des Goldes wollen wir hier nicht ausführlich eingehen; es wird z. B. in den Winkel oberhalb der Leisten geschüttet. Außerdem lassen sich mit amalgamierten Kupferblechen am Ende der Gerinne die feinsten Goldteilchen festhalten. Wenn es soweit ist, daß eine einfache Waschanlage betrieben wird, kann sogar mit einem Gewinn durch das Goldwaschen gerechnet werden.
In früheren Zeiten gewann man auch in Deutschland Seifengold, denken wir doch einmal an das Rheingold, das an vielen Stellen, z. B. bei Breisach und Mainz, also hauptsächlich im Oberrheintal, gewaschen wurde. Ebenso führen andere große Flüsse Gold; dafür bekannt sind Donau und Isar. Beim Edergold ist die Herkunft von der primären Goldlagerstätte bei Corbach in Waldeck offensichtlich.
Chemische und mechanische Widerstandsfähigkeit, gepaart mit hohem spezifischem Gewicht, zeichnet außer Gold noch weitere Minerale aus, die sich deshalb ebenfalls in Seifen anreichern. Daß sich die **Platinmetalle** und ihre Legierungen als Edelmetalle wie Gold verhalten, nimmt nicht wunder. Zu den kostbaren Seifenmineralen gehören noch die Edelsteine und Schmucksteine, z. B. **Diamant** (S. 15), **Topas** und **Turmalin** (Tab. 5, II), **Beryll** und **Chrysoberyll** (Tab. 5, III), **Korund** (Tab. 5, VI), **Tiger-** und **Falkenauge** (verkieselter Asbest, siehe S. 120), um nur einige zu nennen. Wenn wir statt der Mineralnamen die für die Edelsteinvarietäten gebräuchlichen Namen erwähnen wollten, würden wir eine lange Aufzählung erhal-

ten. Hier noch ein Hinweis: Wer nach Ceylon, Birma oder Thailand reist, sollte nicht versäumen, beim Edelsteinwaschen zuzusehen. Die zum Vorschein kommenden, allerdings meist unreinen Saphire kann er dann als Andenken erwerben.
Von den Edelsteinen Indiens ist der Gedankensprung nicht weit zu den Zinnsteinseifen Indonesiens. Dort wird der **Zinnstein** (siehe Tab. 5, V) auf großen Lagerstätten gewonnen, wobei einige schwimmende Förder- und Aufbereitungsanlagen besonders imposant sind. Auf Zinnstein und andere seifenbildende Erzminerale wird wie beim Gold mit dem Sichertrog prospektiert. Das Hauptinteresse liegt nun beim „Schwarzen Sand", der aus den Schwermineralen besteht. Wie sind aber bloß die Einzelminerale auseinanderzuhalten? Im Gegensatz zu den eisenhaltigen Mineralen Magnetit, Hämatit, Ilmenit und Chromit läßt sich Zinnstein im Mörser zu einem hell- bis rötlichbraunen Pulver zermahlen: ähnlich verhalten sich jedoch auch Rutil und Granat. Um die Menge des ausgewaschenen Zinns eindeutig zu erkennen, wendet der Prospektor eine einfache chemische Methode an. Er gibt das Konzentrat in dünner Schicht auf ein Zinkblech mit aufgebogenen Rändern und gießt verdünnte Salzsäure darüber. Bald überziehen sich sämtliche Zinnsteinkörner mit einer grauen Haut von metallischem Zinn. Die Reaktion beruht darauf, daß das unedlere Element Zink das edlere Zinn, das im Zinnstein in oxidierter Form vorliegt, zum Metall reduziert.
Bislang waren wir immer davon ausgegangen, daß die Seifenminerale ausschließlich von Flüssen transportiert sind. Schließlich wird das Lockermaterial allerdings bis ins Meer gelangen. Doch auch das besitzt einen speziellen Ablagerungsort für Seifen, nämlich die Küsten, an denen das Wasser als Parallelströmung oder einfach als Brandung seine sortierende Wirkung beibehält. In den Strandsanden reichern sich insbesondere **Ilmenit, Magnetit, Chromit, Rutil, Zirkon** und **Monazit** an. Wenn wir darauf achten, werden wir z. B. an den Sandstränden der Nordseeinseln Streifen aus körnigem, schwarzem Material bemerken. Das sind dann meist ilmenitreiche Seifen.
Wir wollen uns jetzt wieder dem Problem zuwenden, die noch nicht identifizierten Seifenminerale zu erkennen. Als erstes läßt sich der Magnetit mit einem Magnetscheider abtrennen. Dann zerstoßen wir am besten einzelne Körner im Mörser zu Pulver und betrachten die Farbe, die mit den charakteristischen Strichfarben der jeweiligen Mineralart übereinstimmt. Bei Ilmenit sieht das Pulver schwarz bis dunkelbraun aus, bei Chromit braun. Obwohl die Rutilkörner dunkel sind, ergeben sie wie Zinnstein ein helles Pulver; natürlich verläuft die Zinn-Reaktion mit Salzsäure auf dem Zinkblech negativ. Auf höhere Zirkongehalte werden wir durch gelblichgrüne Streifen der am Strand ausgebreiteten Seife aufmerksam gemacht. Es könnte sich jedoch auch um Monazit (S. 39) handeln. Wir werden deshalb das Konzentrat im Dunkeln mit einer UV-Lampe bestrahlen, um zu sehen, ob viele Körner orange, rötlich oder goldgelb fluoreszieren, wie wir es bei Zirkon erleben. Was die Bedeutung der Seifen mit den erwähnten Erzmineralen anbelangt, so konkurrieren sie als Lagerstätten durchaus mit den primären Vorkommen.

Bildung von Lagerstätten in Seen und Meeren

In allen drei großen Abfolgen der Lagerstättenbildung, im magmatischen, sedimentären wie im später zu behandelnden metamorphen Bereich, spielen die Eisenerze eine hervorragende Rolle. Daß sich unter den verschiedensten Bedingungen immer wieder gerade Eisenminerale anreichern, ist nicht so sehr verwunderlich; denn Eisen steht hinsichtlich der Häufigkeit der Elemente in der Erdkruste an vierter Stelle hinter Sauerstoff, Silizium und Aluminium. Die in Sedimentgesteinen enthaltenen Eisengehalte machen sich meist schon durch intensive Färbungen bemerkbar. Bei oxidisch gebundenem Eisen beobachtet man Rotfärbung durch **Hämatit** oder häufiger noch Braunfärbung durch **Brauneisen.** Wenn eisenreiche Karbonatminerale vorliegen, nehmen diese während der Verwitterung, z. B. an älteren Aufschlußflächen, eine kräftig braune Farbe an. Ebenfalls häufig sind die verschiedensten Sedimentgesteine wie Kalk-, Ton- und Sandsteine durch Eisenminerale grün gefärbt. Es handelt sich dabei um eisenhaltige Schichtsilikate wie **Glaukonit, Chamosit** und **Thuringit** (alle Tab. 9). Schließlich können dunkle tonige Sedimentgesteine einen beträchtlichen Gehalt an Eisen in Form von **Pyrit** enthalten, der überwiegend fein verteilt ist und ebenso wie Kohlenstoff zur Schwarzfärbung beiträgt. Bei der Verwitterung solcher Gesteine treten gelbe und braune Farben durch Sekundärminerale wie Jarosit (Tab. 8, III) und Brauneisen auf. Nicht selten durchsetzen gesproßte Gipskristalle (Tab. 10) das angewitterte Tongestein.
Als färbender Bestandteil oder in Form von Begleitmineralen ist das Eisen jedenfalls allgegenwärtig in den Sedimenten. Darüber hinaus treten in den meisten Schichtfolgen einzelne Horizonte mit Anreicherungen von Eisenerzmineralen auf, die gelegentlich Lagerstättenausmaße erreichen können. Um solche sedimentären Vererzungen zu verstehen, muß man sich vor allem ein Bild von der paläogeographischen Situation zur Zeit der Erzablagerung entwerfen. Dazu gehören die Verteilung von Land und Meer oder entsprechend die Lagebeziehungen zwischen Seen, Flüssen und morphologischen Erhebungen. Von besonderer Bedeutung ist es, ungefähre Vorstellungen von der Gewässertiefe und der Ufer- bzw. Küstennähe zu haben. Wichtig ist weiterhin die Salinität des Wassers, d. h. man möchte wissen, ob der Sedimentationsort im Süß-, Brack- oder Salzwasserbereich liegt. Alle die geographischen Verhältnisse ergeben sich meist aus dem größeren geologischen Zusammenhang und der Ausbildung der Sedimente selbst.
Wenn wir soweit den Schauplatz des Geschehens abgesteckt haben, können wir uns an den Versuch wagen, unter Berücksichtigung des allgemeinen geochemischen Verhaltens der interessierenden Elemente, in diesem Falle des Eisens, einen möglichen Ablauf der Erzbildung zu rekonstruieren. Als erste wichtige Frage taucht dabei auf, wo die großen Eisenmengen, die zu einer Lagerstättenbildung nötig sind, ursprünglich herstammen. Es muß also ein Liefergebiet existieren. Meist handelt es sich um einen Teil des Festlandes, in dem eisenhaltige Minerale verwittern. Von den dunklen gesteinsbildenden Silikatmineralen wissen wir ja, daß sie Eisen enthalten. Hinzu kommen die eigentlichen, den verschiedensten Gesteinen beigemengten Eisenminerale wie Pyrit, die in den Verwitterungsbereich geraten.

Das Eisen muß aber nicht nur freigesetzt, es muß auch zum Ablagerungsort transportiert werden. Obwohl Eisen dazu neigt, ungelöst in den Verwitterungsrückstand zu gehen, nehmen doch die Verwitterungslösungen etwas Eisen auf, und zwar besonders leicht, wenn sie schwach sauer reagieren. Da unter natürlichen Bedingungen nur die zweiwertigen Eisenkationen in merklichen Konzentrationen auftreten können, erleichtern reduzierende Bedingungen die Eisenlösung. Anwesenheit von Reduktionsmitteln wie von organischen Substanzen und Sulfiden wirkt demnach günstig; überhaupt sollte der Luftsauerstoff durch Wasser abgeschlossen sein. Wenn Eisen in den Flüssen zu seiner dreiwertigen Form oxidiert wird, müssen sich zwar Hydroxide bilden; diese können aber in kolloidaler Form weiterhin gelöst bleiben oder sind in feinen Flocken transportfähig.
Nun zu den sedimentären Bildungsstätten der Eisenerze. Bleiben wir zunächst einmal auf dem Festland. Dort gibt es z. B. Ablagerungen von **Brauneisenerzen** in nährstoffarmen Seen Skandinaviens, also in gemäßigten bis kalten Gebieten mit humidem Klima. Dort ist die für die Mobilisation des Eisens wichtige saure Reaktion der Bodenlösungen, Grund- und Oberflächenwässer gegeben. Das Eisen stammt primär zum großen Teil aus verwitterndem, eiszeitlichem Moränenmaterial und wird durch herabsickernde Niederschlagswässer, den Porenwasserstrom in Sedimenten und fließende oder zirkulierende offene Gewässer an den Ausscheidungsort am Seeboden transportiert. Wie sehen nun die *See-Erze* aus? Wenn wir sie vom Boot aus mit einem speziell zum Dredschen gebauten Drahtkorb vom Seegrund heraufgeholt und das feine Material ausgewaschen haben, liegt ein Häuflein verschiedenartig geformter Konkretionen vor uns. Die einzelnen Teile erinnern an Schrotkugeln, Erbsen, Pfennige, Röhren oder unregelmäßige Fladen. Wir finden auch runde flache Scheibchen mit wulstartig verdicktem Rand. Auf die einzelnen Ausbildungsformen nehmen die Namen *Schießpulvererz, Erbsenerz, Pfennigerz, Röhrenerz* und *Fladenerz* Bezug.
Die mikroskopische Untersuchung dieser Erze, deren Bildung in der Gegenwart noch im Gange ist, zeigt, daß die Ausscheidung von Eisenhydroxid durch sogenannte *Eisenbakterien* bewirkt wird. Diese Organismen gewinnen Energie aus der chemischen Reaktion der Eisenoxidation, die sie in ihren Stoffwechsel einbeziehen. Im Milieu der See-Erzbildung ist die Mithilfe der Bakterien deswegen entscheidend, weil die Brauneisenfällung auf rein anorganischem Wege viel langsamer erfolgt oder blockiert ist. Wirtschaftlich haben die See-Erze keine große Bedeutung mehr. Anders war es zur Zeit des Schwedenkönigs Gustaf II. Adolf. Damals gründete sich die militärische Vormachtstellung Schwedens mit auf die Vorkommen dieses Erztyps im Lande.
Größere Ausmaße nehmen die *sedimentären Eisenerzlager im marinen Bereich* an. Die Eisenlösungen werden vom Festland durch Flüsse oder Grundwasserströme angeliefert. Wenn sich das festländische Wasser mit dem Meerwasser vermischt, tritt ein bemerkenswerter Umschwung der geochemischen Fällungsbedingungen für das Eisen ein, und zwar deswegen, weil die chemische Reaktion im Meer allgemein schwach alkalisch ist. Im gut durchlüfteten Küstenbereich fällt sofort Eisenhydroxid aus, das zu **Brauneisen** altert. Dabei werden in beträchtlichem Ausmaß kleine Kügelchen, die *Ooide,* gebildet. Die Mineralausscheidung erfolgt nämlich bevorzugt an der Oberfläche von kleinen, im turbulenten Wasser tanzenden festen Teilchen, die

dabei mit einer Schale aus Brauneisen überzogen werden. Sobald das so entstandene Ooid eine gewisse Größe erreicht hat und damit zu schwer geworden ist oder bei Nachlassen der Wasserbewegung, sinkt es zu Boden. Von der auflebenden Strömung wird es eventuell noch einige Male emporgerissen und mit weiteren Schalen umkleidet. Ganz analog sind die noch mehr verbreiteten Kalkooide aufgebaut.

Die Feingefüge der *oolithischen* (aus Ooiden bestehenden) *Eisenerze* und Karbonatgesteine, zwischen denen alle Übergangsglieder vorkommen, lassen sich bereits mit der Lupe erkennen. Zu einem ästhetischen Erlebnis wird die Betrachtung von gesägten Probescheibchen, die mit verdünnter Salzsäure angeätzt und dann gewaschen wurden. Empfehlenswert ist die Betrachtung mit dem Binokular. In den zentral geschnittenen Ooiden können wir die Kerne bzw. Bildungskeime erkennen. Häufig steckt in den Eisenooiden ein abgerundetes Quarzsandkorn, das nach der Ätzung erhaben hervortritt und mit Hilfe einer Präpariernadel, die darauf kratzt, als hart erkannt wird. In anderen Fällen handelt es sich um karbonatische Kerne, die sich oft als Fossilbruchstücke wie Schalensplitter und Seeigelreste enträtseln lassen. Dann wieder fungierten zerschlagene Eisenooide selbst als Ansatzpunkte für neue Ooide, oder mehrere zusammengebackene Ooide wurden als ein Bröckchen aufgewirbelt und gemeinsam umkrustet. Es ist nicht nötig, die vielen Variationsmöglichkeiten und Abwandlungen aufzuzählen, da es viel reizvoller ist, die entsprechenden Beobachtungen und gedanklichen Betrachtungen an einer bestimmten Probe anzustellen.

Jedes Sedimentgestein ist mehr oder weniger an einen bestimmten Bildungsraum geknüpft. Viele Aufschlüsse darüber erhalten wir aus der gründlichen Untersuchung des Gesteinsaufbaues. Allmählich treten sinnvolle Regelmäßigkeiten und Zusammenhänge zutage. Brauneisenausscheidung und ein gewisser Anteil an Quarzsandkörnern, z. B. in Form von Ooidkernen, deuten auf Festlandseinfluß hin;

Abb. 49. Teil einer aufgeschlagenen „Toneisensteingeode", die im Innern von Schrumpfrissen durchsetzt ist. Auf den Innenwänden der Hohlräume sind linsenförmige Sideritkristalle drusenartig aufgewachsen. Fundort: Farmsen, Niedersachsen.

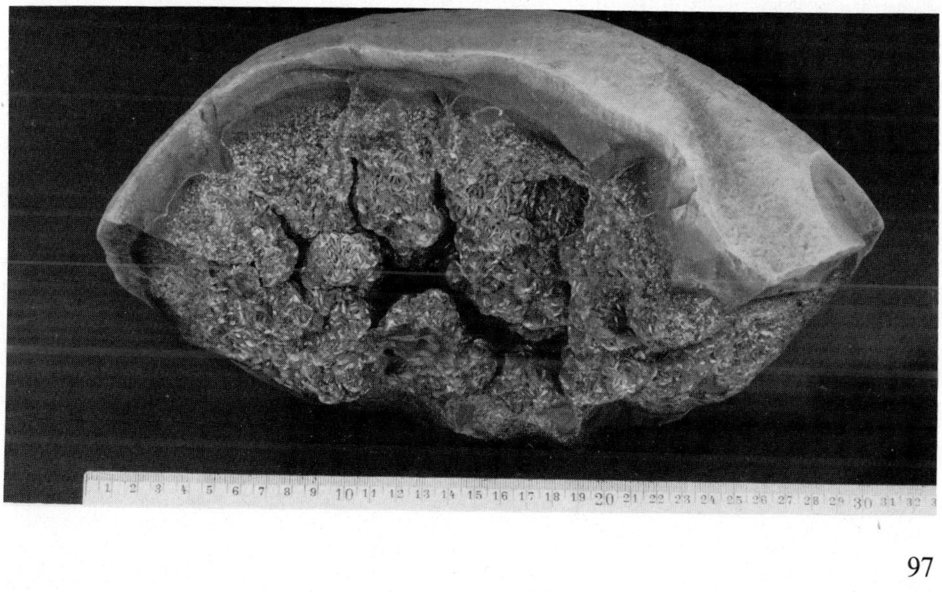

im Gegensatz dazu beschränkt sich das Geschehen der chemischen Sedimentation auf das Meer ganz allein, wenn reine Calcitgesteine gebildet werden. Bei den Brauneisenerzen wurde die Bedeutung des Festlands als Lieferant von Verwitterungslösungen erwähnt. Diese wurden in verstärktem Maße verfügbar, wenn Verwitterung und Abtragung durch eine junge Hebungsphase des Landes frisch belebt wurden. Gleichzeitig damit läßt sich auch die Zufuhr von klastischem Material wie Quarzsand erklären. In den Schichtfolgen von Jura und Kreide ist besonders schön im südhannoverschen Bergland zu beobachten, wie nach jeder gebirgsbildenden Phase die ersten Sedimentbildungen des anschließend wieder mehr vordringenden Meeres Eisenerze angereichert haben. Da die an den Küstenrändern anstehenden älteren Sedimente, die der Aufarbeitung unterworfen wurden, bereits grobkörniges Erzmaterial enthielten, stand jedesmal reichlich Material zur Bildung eines erzreichen *Transgressionskonglomerates,* dem typischen grobklastischen Sediment der Brandungszone, zur Verfügung. In den Konglomeraten der Unterkreide findet man zum Beispiel durch Eisenlösungen imprägnierte Juraammoniten und zerschlagene *Sideritknollen* (*Toneisensteingeoden*), die sich als Konkretionen in den tonigen Sedimenten der Jurazeit gebildet hatten (s. Abb. 49, S. 97). Das tektonische Geschehen sorgte nicht nur für die Heraushebung des Landes, sondern auch für die Schaffung von Senkungströgen im Meer. Dorthin wurden die Eisenooide und Erzgerölle durch Strömungen verfrachtet und endgültig deponiert. Derartige sedimentäre Eisenlagerstätten kommen im Raum Salzgitter vor (s. Abb. 50, S. 101).

Bislang hatten wir hauptsächlich die marinen **Brauneisenerze** ins Auge gefaßt, als deren typischer Ausscheidungsbereich die sauerstoffreiche Flachwasserzone in Küstennähe angesehen werden kann. Dort wo die körnigen Brauneisenkomponenten später im kühleren, tieferen Wasser abgelagert werden, sind die Bedingungen eventuell für die Bildung von **Siderit** günstig, der dann die Porenräume des Sedimentes ausfüllt.

Als oolithische Erze haben noch besonders die **Chamositerze** Bedeutung (Farbtaf. IV, Bild 1, Seite 100). Im Vergleich zu Brauneisen wird Chamosit küstenferner, im etwas tieferen, sauerstoffärmeren Wasser ausgeschieden. Dabei wird außer Eisen gelöste Kieselsäure zur Silikatbildung benötigt. Mit dem Chamosit ist das Mineral

Tafel 3

Bild 1 (links oben). Als Besonderheit ist das Kobaltsekundärmineral Erythrin, das meist als pulverige, pfirsichblütenfarbene Kobaltblüte vorkommt, hier in großen, dunkelroten Kristallen ausgebildet. Sie füllen einen Drusenhohlraum innerhalb des derben Erzes aus dem primären, hydrothermal gebildeten Mineral Skutterudit (Speiskobalt) (Co, Ni)As_3 aus. Der metallisch glänzende, lichtstahlgraue Skutterudit ist rötlich angelaufen. Die Anwesenheit von Nickel wird verraten durch einen feinen grünen Anflug von Annabergit (Nickelblüte) auf der linken Seite der Probe und auf den großen Erythrinkristallen. Fundort: Bou Azzer, Marokko.

Bild 2 (links Mitte). Aggregat aus gelben, tafeligen Wulfenitkristallen aus der Oxidationszone eines hydrothermalen Blei-Zinkganges. Fundort: Ahmad Abad Yazd, Zentraliran.

Bild 3 (links unten). Stufe von hexagonal-tafligen Vanadinitkristallen, gebildet in der Oxidationszone eines hydrothermalen Ganges mit viel Bleiglanz. Fundort: Tschah Charbuzh, Zentraliran.

Bild 4 (rechts oben). Kluftfüllung aus hellblauem Türkis im Muttergestein, einem stark verwitterten und brecciös zerstückelten Andesit. Fundort: Grube Nishabur, Nordostiran.

Bild 5 (rechts Mitte). Silikatisches Nickelerz mit Garnierit, der das typische traubig-nierig-krustige Gefüge zeigt. Fundort: Liberdade, Minas Gerais, Brasilien.

Bild 6 (rechts unten). Carnotitsandstein des Colorado Plateaus, Moab, Utah (USA). Verräter des Uranerzes ist der schreiendgelbe Kluftbelag von Uranblüte.

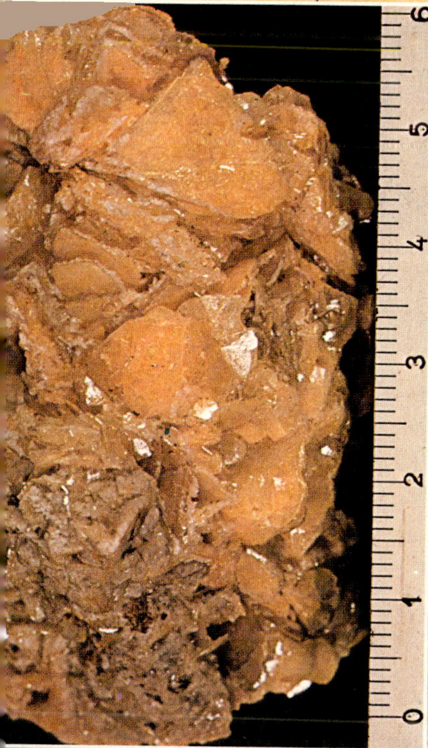

Thuringit ganz nahe verwandt, das in einigen paläozoischen, schwach metamorphen Eisenerzlagern, z. B. den namengebenden Untersilurerzen Thüringens, erzbildend auftritt. Beide grüngefärbte Eisenchloritminerale kommen auch zusammen vor.

An dieser Stelle soll ein weiteres Eisensilikat erwähnt werden, das in marinen Sedimenten des Schelfbereiches äußerst verbreitet ist, allerdings nicht zu den Eisenerzmineralen gerechnet werden kann. Es ist der **Glaukonit,** der den Glimmern und Tonmineralen nahesteht. Er verleiht vielen Sandsteinen und Sanden der Kreidezeit und des Tertiärs Mitteleuropas eine intensiv grüne Färbung. Da das Mineral sehr verwitterungsbeständig ist, bleibt die grüne Farbe der glaukonithaltigen Bausandsteine dauerhaft erhalten. Wir begegnen daraus errichteten Gebäuden z. B. im Esse-

Abb. 50. Sedimentäres Brauneisenerz vom Typ der Trümmererze. Die mit glatter Oberfläche glänzenden Brauneisengerölle sind in eine feinkörnigere Grundmasse aus Brauneisenooiden eingebettet. Stratigraphische Stellung: Barrême, Untere Kreide. Fundort: aufgelassene Grube Georg-Friedrich, Dörnten im Salzgitter-Gebiet.

Tafel 4

Bild 1 (links oben). Sedimentäres Chamosit-Eisenerz aus der lothringischen Minette mit eingesprengtem Pyrit (lichtmessinggelb, metallisch glänzend). Fundort: Masingen, Lothringen.
Bild 2 (links Mitte). Eisenerz aus einem schichtigen Roteisensteinlager des Oberen Mitteldevons. In verschiedenen Richtungen wird das Erz durch Klüfte, Risse und Fiederspalten durchsetzt, die mit weißem Quarz ausgefüllt sind. Fundort: Oberharzer Diabaszug, Huttal bei Clausthal-Zellerfeld, Harz.
Bild 3 (links unten). Zink-Manganerz von Franklin, New Jersey (USA). Komponenten: Franklinit (schwarz, metallisch glänzend), Willemit (grünlichgelb, muscheliger Bruch), Kalkspat (weiß, spätig) und Zinkit (rot).
Bild 4 (rechts oben). Sylvinit aus einem unteroligozänen Kaliflöz von Buggingen (Südbaden) im Oberrheintalgraben. Das Salz ist deutlich gebändert. Die Rotfärbung beruht auf Hämatit, der in den Sylvinkristallen fein verteilt ist.
Bild 5 (rechts Mitte). Metamorphes Kieserz mit großen gesproßten Pyritkristallen (lichtmessinggelb) innerhalb von derbem Kupferkies (goldgelb angelaufen). Fundort: Sulitjelma, Norwegen.
Bild 6 (rechts unten). Probe aus einer metamorphen Kieslagerstätte. Der gneisartige Charakter tritt besonders deutlich hervor aufgrund des Lagengefüges und der Art der Begleitminerale. Mit bloßem Auge zu erkennen sind Feldspat (hell mit Spaltflächen), Biotit (schwarze Blättchen) und vor allem Granat (rot). Dieser bildet rundliche Kristalloblasten, die während der Metamorphose gewachsen sind, wobei sie verschiedene Fremdminerale umschlossen haben. Das Erz enthält Kupferkies, Pyrit, Bleiglanz und Zinkblende. Fundort: Bleikvassli/Norwegen.

ner Raum. Aus lockeren Ablagerungen läßt sich der Glaukonit als anorganisches Farbpigment gewinnen.
Bei dem nächsten sedimentären Eisenerztyp, dem schichtigen **Roteisenstein** (Farbtaf. IV, Bild 2, Seite 100), müssen wir uns ganz neu in die Geschehnisse hineindenken. Wir finden das Erz z. B. in den devonischen und unterkarbonischen Schichtfolgen des Rheinischen Schiefergebirges und Harzes in enger Verknüpfung mit Diabaseinschaltungen. Das läßt bereits vermuten, daß die magmatischen Vorgänge dieser Zeiten etwas mit der Roteisensteinbildung zu tun haben. Doch zunächst wollen wir uns darum kümmern, wie das Erz aussieht und woraus es besteht. Haupterzmineral ist der **Hämatit,** der in feiner Dispersion in **Kieselsäure** oder eventuell **Calcit** vorliegt. Wegen dieser feinsten Verteilung verleiht der Hämatit dem Erz eine hochrote Farbe. Die kieselige Grundmasse bewirkt, daß das Material splittrig bricht und ähnlich wie Kieselschiefer an den Aufschlüssen in scharfkantigen Stücken herumliegt. Typisch sind weiterhin feine Spalten und Gängchen, die im allgemeinen durch weißen Quarz ausgefüllt sind. Entweder handelt es sich dabei um Schrumpfungsrisse von ursprünglichen Hämatit-Kieselsäure-Gelen oder um spätere Zerrüttungsklüfte, die bei tektonischer Beanspruchung während der varistischen Gebirgsbildung aufgerissen sind.
In ihrer ganzen Erscheinung sind die Erzbrocken so auffällig, daß wir sie gar nicht übersehen können. Die Roteisensteinlager begleiten die Diabaszüge und sind in vielen alten Pingen aufgeschlossen. In früheren Zeiten wurden sie auf zahlreichen kleinen Gruben abgebaut. Das Erz war begehrt, da es sich leicht verhütten ließ und ein gutes Gußeisen ergab.
Nachdem wir einen Eindruck von dem geschichteten Roteisenstein gewonnen haben, interessiert uns seine Entstehung. Gewisse Ähnlichkeit besitzt ja auch das Erz der hydrothermalen Roteisensteingänge. Im Gegensatz zu diesen liegt hier jedoch eine eindeutige Schichtung vor, die neben anderen Umständen auf sedimentäre Entstehung im Meer hinweist. Wie bei den Roteisensteingängen erfolgte jedoch die Erzzufuhr durch eine fluide Phase, die der magmatischen Abfolge angehört. In diesem Falle müssen wir uns vorstellen, daß vulkanische, pneumatolytische Gase als *submarine Exhalationen* auf Spalten unterhalb des Meeresbodens aufdrangen und sich mit dem Meerwasser vermischten. Dabei kam es zu chemischen Reaktionen der mitgeführten gasförmigen Bestandteile $FeCl_3$ und SiF_4 mit Wasser und zu lokalen Aufheizungen, die die Art der gebildeten Minerale erklären.
Wie aus den chemischen Formulierungen hervorgeht, schieden sich als Hauptreaktionsprodukte **Hämatit** und **Quarz** aus:

$$2\,FeCl_3 + 3\,H_2O \rightarrow \underset{\text{Hämatit}}{Fe_2O_3} + 6\,HCl$$

$$SiF_4 + 2\,H_2O \rightarrow \underset{\text{Quarz}}{SiO_2} + 4\,HF$$

Von den schichtigen Roteisensteinerzen gibt es Übergänge zu entsprechend gebildeten **Manganerzen,** die oxidische Manganminerale, aber auch **Rhodochrosit** (Tab. 7, V) und **Rhodonit** (Tab. 11, III) enthalten können.
Bereits im Zusammenhang mit den eisernen Hüten und Manganhüten war uns aufgefallen, daß Eisen und Mangan im sedimentären Milieu Parallelen des geochemi-

schen Verhaltens zeigen. Auch beim Mangan ist die ionische Lösungsform mit der zweiwertigen Oxidationsstufe verknüpft. Um eine Ausfällung der oxidischen Verbindungen, in denen das Mangan drei- oder noch häufiger vierwertig vorliegt, zu erreichen, sind stärker oxidierende Bedingungen nötig als beim Eisen, so daß Mangan im ganzen leichter gelöst wird. Nur in Ausnahmefällen konnten sich in besonderen See- oder Meeresbecken oxidische oolithische Manganerze ansammeln. Die chemische Ausfällung geschah überwiegend im gut durchlüfteten Flachwasserbereich von Küsten, die ein Hinterland besaßen, in dem primär manganreiche Gesteine verwitterten. Neben dem Hauptmineral **Pyrolusit** (Tab. 7, IV) enthalten die Erze gelegentlich **Manganit** (Tab. 7, IV) und **Rhodochrosit** (Tab. 7, V).

Abb. 51. Manganknollen aus dem Zentralpazifik. Die rechten Knollen sind aufgeschlagen und zeigen den Innenbau.

Wenn wir uns mit Manganausscheidung im Meer beschäftigen, drängt sich die Erwähnung der heute so vielberedeten, intensiv untersuchten **Manganknollen** der Ozeanböden geradezu auf (Abb. 51). Es handelt sich um konkretionäre Gebilde, die sich in bestimmten sedimentationsschwachen Gebieten der Weltmeere bilden, wo kalte polare Tiefseeströme, die viel Sauerstoff gelöst enthalten, den Meeresboden überstreichen. Die Mangangehalte können aus der Verwitterung des Ozeanbodens stammen oder mit dem Wasserstrom herangeführt werden, ohne daß ihr Ursprung noch zu erkennen wäre. In den Knollen wurden verschiedene oxidische Manganminerale, darunter **Psilomelan** (S. 75), gefunden. Aber auch der Gehalt an **Goethit,** FeO(OH) (Tab. 7, IV), kann hoch sein. Besonders interessant sind Beimengungen der wertvollen Schwermetalle Nickel, Kupfer und Kobalt, die die Manganknollen, allerdings nicht aller Vorkommen, auszeichnen.
Bei den oxidischen marinen Eisenerzen bemerkten wir, daß sie häufig Schichthorizonte bilden, die meist an der Basis eines Sedimentationszyklus liegen. Nach einer tektonischen Hebungsphase kam dann jeweils eine neue Meeresüberflutung, die als

erstes Sediment ein Transgressionskonglomerat schuf. Darin sind bei geeignetem Liefergebiet Geröllkomponenten aus Brauneisen enthalten. Mit diesen gemischt oder in eigenen Anreicherungen findet man grauweiße, gelbliche, bräunliche oder schwärzliche Knollen, die als **Phosphorite** bezeichnet werden. Sie bestehen hauptsächlich aus kolloidal ausgeschiedenem **Karbonatapatit** (Tab. 8, IV) im Gemenge mit Kalkspat, Tonmineralen und Quarzsand. Neben solchen konkretionär gebildeten Knollen finden wir Gerölle, die an ihrer Form erkennen lassen, daß es sich um Zähne und Knochen von Wirbeltieren handelt. In ihnen ist primär **Hydroxylapatit** (Tab. 8, IV) enthalten. Wenn die genannten Fossilreste dominieren, sprechen wir von einem Bonebed. Mit der Lupe erkennen wir dazwischen eventuell auch Fischschuppen mit dickem Schmelzbelag. Mit den Wirbeltierhartteilen sind meist „versteinerte“ Kotballen, die sogenannten *Koprolithen,* vergesellschaftet. Auch sie haben Phosphorsäure gebunden, die aus der organischen Substanz der verdauten Beutetiere stammt. Die Geröllphosphorite lassen sich besonders leicht erkennen. Es gibt aber auch Phosphorit in Form von Körnern und oolithischen Kügelchen. Ähnlich wie die Glaukonitbildung findet die Apatitausscheidung im Meer hauptsächlich im Schelfbereich, und zwar gerade da statt, wo die sonstige Sedimentation gering ist. Für die ständige Phosphorzulieferung sorgen am Schelfrand aufsteigende Tiefenströme. Mit der Erwärmung des Wassers nimmt zugleich sein Lösungsvermögen für Phosphat ab. Ehe die Phosphorsäure ausgefällt wird, durchläuft sie meist den biologischen Zyklus, in dem die organische Stoffproduktion durch die Phosphatzufuhr stark aktiviert wird.

Die bisher genannten sedimentären Erze haben uns meist unscheinbare, dichte, allenfalls kräftig gefärbte Minerale geboten. Wo bleiben die hell metallisch glänzenden Erzminerale, besonders die Sulfide? Tatsächlich spielen die als Sedimente gebildeten sulfidischen Vererzungen eine große Rolle. Die großen Buntmetall-Lagerstätten Rammelsberg und Meggen sind als **sedimentäre Kieslager** zu deuten. Durch hohe Gehalte an sulfidischen Erzmineralen zeichnen sich allgemein tonige Sedimente vom Typ des berühmten **Kupferschiefers** aus. Diese Zechsteinablagerung veranlaßte einen jahrhundertelangen Bergbau in der Mansfelder Mulde Mitteldeutschlands. Von den schwermetallhaltigen Tongesteinen gibt es Übergänge zu sulfidreichen Karbonatgesteinen, z. B. **Kupfermergeln** und **Bleiglanzbänken** in Kalksteinen.

Bei allen diesen Gesteinen hatte der Bildungsort eine Gemeinsamkeit. Es waren schlecht durchlüftete Meeresbecken, an deren Boden sich Faulschlamm bildete. Nur in den obersten Wasserschichten konnten höhere Lebewesen existieren. Ihre Körper sanken nach dem Absterben auf den Grund, wo aller Sauerstoff verbraucht war. Bei der Zersetzung des Eiweißes der Organismen wurde Schwefelwasserstoff freigesetzt. Ein solches geochemisches Milieu mit reduzierenden Bedingungen und Anwesenheit der Schwefelkomponente muß dazu führen, daß eine große Zahl an Schwermetallen, die ja fast alle schwer lösliche Sulfide bilden, in Erzmineralen eingefangen und abgeschieden werden. Die schwefelwasserstoffreichen Bodenschichten wirken als geochemische Falle für viele Elemente. Daher sind die gebildeten Erze ungewöhnlich elementreich. Außer Eisen, Kupfer, Blei und Zink enthalten sie meist in geringeren Mengen Nickel, Kobalt. Molybdän, Uran, Vanadium, Silber, Gold, Cadmium, Wismut, Antimon, Thallium, Indium, Quecksilber usw.

Abb. 52. Kupferschieferplatte mit „versteinertem" Fisch (*Paläoniscus*). Fundort: Mansfelder Mulde, südöstlich des Harzes.

Fossiliensammler denken beim Kupferschiefer sofort an die häufig eingebetteten Fische der Gattung *Palaeoniscus* (Abb. 52), die in ihren Hartteilen vollständig erhalten sind. Sie zeigen alle eine verkrümmte Todeshaltung. Wahrscheinlich sind die Tiere an Sauerstoffmangel zugrunde gegangen und später im feinkörnigen Sediment eingebettet worden. Die Lebensfeindlichkeit des Meeresbodens zeigt sich darin, daß dort keine Tiere lebten, die die Fischleichen gefressen, ihre Skelette zerstört und die einzelnen Teile zerstreut hätten. Das plattig spaltende Gestein des Kupferschiefers ist durch fein verteilten Kohlenstoff schwarz gefärbt. Danach wird dieser Gesteinstyp auch als **Schwarzschiefer** bezeichnet. Daraus hervorgegangene metamorphe Gesteine enthalten den Kohlenstoff als kristallisierte **Graphitschüppchen.** Bei der Alterung der Faulschlammsedimente bildet die organische Substanz auch flüssige Kohlenwasserstoffe, die in den **Ölschiefern** noch gewinnbar enthalten sind. Das **Erdöl** kann aber auch aus den Erdölmuttergesteinen auswandern, um sich in höherer Position in porösen oder klüftigen Gesteinen zu Lagerstätten zu sammeln.
Wie wir sehen, können so unterschiedliche Rohstoffbildungen wie *polymetallische* Sulfiderze, Graphitvorkommen und Erdöllager ihren Ursprung in einem gemeinsamen geochemischen Milieu haben. Die anorganischen Erze hängen noch in vieler Beziehung mit der Lebenstätigkeit von Organismen zusammen. So werden die Schwermetalle Kupfer, Nickel, Kobalt, Molybdän, Uran und Vanadium von den Lebewesen in ihrer Körpersubstanz angereichert und später dem Bodensediment zugeführt. Dann laufen die meisten chemischen Prozesse unter Mitwirkung von Bakterien ab. Im Kupferschiefer und in den Erzen der sedimentären Kieslager lassen sich unter dem Mikroskop sulfidisch vererzte Punkthäufchen zeigen, die vererzte Bakterien zu sein scheinen, welche aktiv in den Schwefelkreislauf eingegriffen haben. In den reduzierenden Tiefenzonen der Meeresbecken leben z. B. die sogenannten *desulfurierenden Bakterien* und erzeugen Schwefelwasserstoff aus gelöstem Sul-

fat. Umgekehrt wirken die *Schwefelbakterien.* Sie oxidieren Schwefelwasserstoff, der ins sauerstoffhaltige Oberflächenwasser aufgedrungen ist zu Schwefel und Sulfationen. Der Schwefel häuft sich in den Bakterienkörpern selbst an und sinkt mit ihnen zu Boden. So findet ein Austausch der Schwefelkomponente zwischen Oberflächen- und Tiefenzone statt. Im ganzen verlaufen die Stoffumwandlungen im Kreislauf, aus dem jedoch immer etwas entnommen wird, wenn sulfidische Erze abgelagert werden.

Im **Kupferschiefer** sind die Minerale **Bornit** (Tab. 7, I) (s. Abb. 53), **Zinkblende** (Tab. 7, III), **Kupferglanz** (Tab. 7, II) und in geringeren Mengen **Pyrit** (Tab. 4), **Bleiglanz** (Tab. 7, II), **Fahlerz** (Tab. 7, II) und **Gediegen Silber** (Tab. 7, I) enthalten. Mit bloßem Auge können wir jedoch die Einzelminerale wegen ihrer Feinkörnigkeit nicht erkennen. Sie imprägnieren das Gestein oder bilden auf dem Querbruch strichförmig erscheinende, im Sinne der Schichtung verlaufende „Erzlineale". Auf kleinen Klüften hat sich sekundär **Kupferkies** (Tab. 4) ausgeschieden.

Während der Kupferschiefer noch mehr wie ein schlichtes Gestein aussieht, können wir an einem Stück Rammelsbergerz vom Typ der **sedimentären Kieslager** die Sulfide in stärkerem Maße funkeln und glitzern sehen, obwohl sie dennoch viel feinkörniger ausgebildet sind als in manchen hydrothermalen Gängen. Haupterzminerale sind **Pyrit, Zinkblende, Kupferkies** und **Bleiglanz.** Zusammen mit dem Erz sedimentierten Tonmaterial, **Quarz** in feinsten Körnungen und **Kalkspat.** Bei den sogenannten *Banderzen* ist die ursprüngliche Wechsellagerung von karbonatisch-sandigen Erzlagen und erzarmen Tonschieferlagen besonders gut zu erkennen (s. Abb. 54). Einen anderen Gefügetyp stellt das erzreiche *Melierterz* dar, in dem die Erzminerale schlierig feingestreifte Strukturen bilden. Besonders schön wirken sie, wenn eine Erzprobe angeschliffen und poliert wurde. Dann kommen auch die verschiedenen

Abb. 53. Kupferschiefererz, quer zur Schichtung zeichnen sich zahlreiche feine, linsenförmige Erzanreicherungen (hell) und ein deutliches „Erzlineal" aus Bornit ab. Fundort: Reichenberg Schacht, Mansfeld, südöstlich des Harzes.

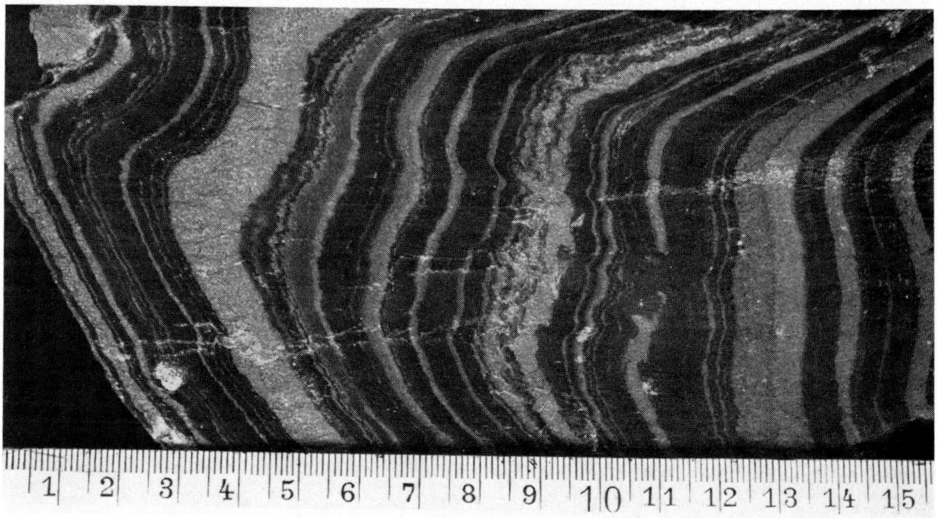

Abb. 54. Banderz aus dem Rammelsberg bei Goslar (Harz), einer sedimentären Kieslagerstätte aus dem Mitteldevon. Bei dem abgebildeten Erztyp wechseln helle, karbonatisch-sandige Erzlagen und dunkle Tonschieferlagen miteinander ab.

Farben der glänzenden Sulfidminerale zum Ausdruck. In einigen Lagerteilen mancher Kieslagerstätten kann **Schwerspat** als Begleitmineral überwiegen, der dann im Gegensatz zur Ausbildung in den Schwerspatgängen feinkörnig dicht und dunkel

Abb. 55. „Knottenerz" von Maubach, Eifel. In einer Schichtfolge des Buntsandsteins mit groben, roten Sandsteinen und Konglomeratlagen sind einzelne, nicht niveaubeständige Horizonte gebleicht und vererzt, wobei Bleiglanz das Haupterzmineral darstellt. Typisch ist die Ansammlung des Bleiglanzes an einzelnen Stellen, wo sich sogenannte „Knotten" gebildet haben, die im Bild als dunkle, glitzernde Flecken in Erscheinung treten.

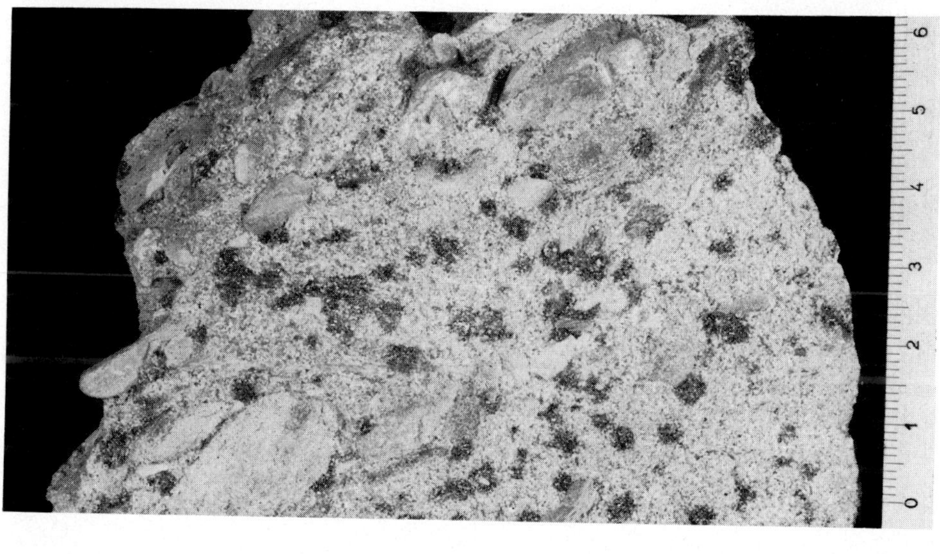

gefärbt ist. Da große Schwerspatanreicherungen als chemisches Sediment ungewöhnlich sind, stützen sie die Auffassung, daß in solchen Fällen wie beim Rammelsbergerz eine hydrothermale Stoffzufuhr beteiligt war. Wenn wir bei dem Beispiel bleiben, so paßt das gut in den paläogeographischen Rahmen zur devonischen Bildungszeit der Lagerstätte. Sie liegt am Rande einer Schwellenregion, wo wahrscheinlich Zerrspalten aufrissen, die aus großer Tiefe metallreiche Lösungen magmatischen Ursprungs förderten. Diese können mit dem Diabasvulkanismus zusammenhängen, der demselben Zeitabschnitt der varistischen Ära angehörte.
Die Metallgehalte des Kupferschiefermeeres lassen sich in anderer Weise durch Verwitterung und Aufarbeitung der älteren Rotliegendsedimente erklären. Dabei handelt es sich vorwiegend um rote Sandsteine und Schuttmassen, die zusammen mit umgelagerten Erzen die festländischen Senken ausfüllten. Daß derartige Sandsteine, z. B. aus der etwas jüngeren Buntsandsteinzeit, sulfidische Erze enthalten können, lehren uns die Bleierze von Maubach, Mechernich und Kall im nordöstlichen Teil der Eifel (s. Abb. 55).

Tabelle 9: Eisensilikatminerale.

Chamosit, $(Fe,Mg)_3(O,OH)_6(Fe^{II},Fe^{III})_3[(OH)_2|AlSi_3O_{10}]$, ein eisenreicher Chlorit: *Grünlichgrau* bis grauschwarz, matt; *weich,* läßt sich mit Stahl leicht, eventuell auch mit dem Fingernagel ritzen; bildet meist Pillen oder Ooide.
Thuringit, $(Mg,Fe^{II},Fe^{III})_3(O,OH)_6(Fe^{II},Fe^{III},Al)_3[(OH)_2|Al_{1,2-2}Si_{2,8-2}O_{10}]$, ein dem Chamosit ähnlicher, eisenreicher Chlorit: *Olivgrün* bis *dunkelgrün;* kommt häufig in dichten bis feinschuppigen Massen vor.
Glaukonit, $(K,Na,Ca)_{<1}(Al,Fe^{III},Fe^{II},Mg)_2[(OH)_2|Al_{0,35}Si_{3,65}O_{10}]$: *Gelbgrün* oder *bläulichgrün* bis *schwärzlichgrün;* mit dem Fingernagel ritzbar; das Mineral bildet kleine „schießpulverartige“, intensiv grün gefärbte Körnchen, vor allem in sandigen Sedimenten.

Im Salz

Ein Erlebnis ganz besonderer Art stellt die Befahrung eines Salzbergwerkes dar. Besonders wenn wir mit dem Erzbergbau schon näher vertraut sind, können wir hier ganz neue Eindrücke dazugewinnen. Vor allem Norddeutschland bietet mit zahlreichen Gruben Gelegenheit, die Gewinnung von Steinsalz (Kochsalz) und der zu Düngerzwecken benötigten Kalisalze kennenzulernen. Das liegt an der besonderen Ausbildung der *Zechsteinformation,* die in diesem Gebiet wichtige Salzlagerstätten entwickelt hat. Bevor wir uns die Verhältnisse unter Tage anschauen, wollen wir

uns kurz mit der Ausscheidung von Salzgesteinen beschäftigen, wozu die Zechsteinablagerungen ein gutes Beispiel geben.
Das Zechsteinmeer drang von Norden her über das Gebiet der heutigen Nordsee in Mittel- und Osteuropa ein, nachdem in der vorhergehenden Rotliegendzeit dort überall Festland gewesen war. Als erstes Sediment lagerte sich ein *Transgressionskonglomerat* ab, das wir als Aufarbeitungsrückstand der vordringenden Küstenzone auffassen können. Das vollausgebildete Meeresbecken muß schlecht durchlüftet gewesen sein. Jedenfalls bot es ganz die Bedingungen zur Bildung von Faulschlamm mit Schwermetallsulfid-Ausscheidung. So entstand der *Kupferschiefer,* den wir als Kupfererz bereits erwähnt haben. Auf die *Tonablagerung* folgten nunmehr chemische Sedimentgesteine mit Mineralen, die dem salzartigen Bindungstyp angehören, und zwar Karbonate, Sulfate und Chloride. Da ihre Bildung eine Konzentrierung des Meerwassers durch Eindampfung erfordert, heißen die Salzgesteine auch *Evaporite* oder *Eindampfungsgesteine.* Allerdings dürfen wir uns die Eindampfung nicht so vorstellen, daß das Meer einmal vollständig austrocknete, sondern es handelte sich um einen kontinuierlichen Prozeß der Konzentrierung, bei dem ständig durch eine eingeengte Meeresverbindung und durch Flüsse Wasser zuströmte und die Menge der gelösten Stoffe vermehrte, während gleichzeitig noch mehr verdampfte.
Zu Beginn der Eindampfung wurde in der *Karbonatphase* der *Zechsteinkalk* gebildet. Der zweite Eindampfungsabschnitt, die *Sulfatphase,* lieferte **Gips** (Tab. 10), der sich später im Schichtverband der Erdkruste bei höherer Temperatur in **Anhydrit** (Tab. 10) umwandelte. Nachdem das Meerwasser etwa 10fach konzentriert war, konnten die leichtlöslichen Salze, beginnend mit dem **Steinsalz** (Tab. 10), auskristallisieren. Zunächst baute dieses allein ein mächtiges *Steinsalzlager* auf, bis eine etwa 60fache Konzentrierung erreicht war und nun auch die *chloridischen und sulfatischen Kalium- und Magnesiumsalze* ausgeschieden werden konnten. In solchen Extremfällen, auf dem Höhepunkt einer Evaporitentwicklung, bildete sich ein *„Kaliflöz".* Sowie eine Verdünnung der Salzlösung im Becken durch verbesserte Verbindung zum Weltmeer eintritt, werden wieder Evaporite der früheren Phasen, also z. B. Steinsalz und anschließend Gips, gebildet. Damit wäre dann ein Eindampfungszyklus abgeschlossen. Der nächste würde wieder mit einer tonigen Ablagerung beginnen.
Im deutschen Zechstein gab es fünf Zyklen; davon vier mit mächtigen Salzablagerungen, die als *Werra-, Staßfurt-, Leine-* und *Allerserie* bezeichnet werden. Davon enthalten die drei unteren Serien Kaliflöze; und zwar liegen die beiden *Kaliflöze Thüringen* und *Hessen* in der Werraserie, das *Kaliflöz Staßfurt* in der Staßfurtserie und wiederum zwei Flöze, *Ronnenberg* und *Riedel,* in der Leineserie. Aus den Namen können wir ungefähr entnehmen, in welchen Gebieten die Kaliflöze abbauwürdig ausgebildet sind. Es zeigt sich, daß die Beckenteile, in denen die Stufe der höchsten Konzentrierung erreicht wurde, immer weiter im Norden lagen. Nach dort zog sich das Zechsteinmeer bis zur mehr festländisch ausgeprägten Buntsandsteinzeit auch mehr oder weniger zurück.
Abgesehen von den Salzen enthalten die Zechsteinserien Rohstoffe für die Steine-und-Erden-Industrie. Die Karbonatphasen lieferten außer **Calcit** (Tab. 6, I) als Hauptmineral im Kalkstein **Dolomit** (Tab. 6, I) im Dolomitstein. Dieser erscheint als Hauptdolomit in der Staßfurtserie und als Plattendolomit in der Leineserie.

Noch bemerkenswerter sind die zahlreichen Schichtkomplexe, die aus **Gips** bzw. **Anhydrit** bestehen. Sie stellen bereits Sedimentbildungen dar, die stärker aus dem Rahmen fallen. Landschaftsbildend treten die Sulfathorizonte der drei untersten Zechsteinserien am südwestlichen und südlichen Harzrand in Erscheinung. Da die Calciumsulfatminerale noch leichter löslich sind als die Karbonate, kam es in den Gipsgebieten zu umfangreichen Auslaugungserscheinungen mit der Bildung von *Höhlen* und *Erdfällen* (*Dolinen*). Außer dem *Gipskarst* ist bemerkenswert, daß sich in Anpassung an den besonderen Untergrund dort spezielle *Gipspflanzengesellschaften* ausgeprägt haben. Das erinnert uns an die Erzpflanzengesellschaften auf schwermetallreichen Erzhalden und Erzausbissen. Auch bei den Salzen gibt es etwas Entsprechendes. Viele salzhaltige Quellen in Deutschland führen Sole, weil im Untergrund Salzlager der Zechsteinformation angelöst werden. Selbst wenn man das salzige Wasser nicht schmeckt, weil es sich in einen Sumpf verliert, wird der botanisch Interessierte durch *Salzpflanzengesellschaften* auf den Sachverhalt aufmerksam gemacht. Zum Kennenlernen der angepaßten Pflanzenarten, von denen viele sonst an der Meeresküste vorkommen, eignet sich die Umgebung der Salzhalden, die als hohe, weiße oder graue Berge aus Abraumsalzen auf den Salzbergbau aufmerksam machen. Direkt am Fuße der Halden, wo die Vegetation beginnt, treffen wir einige Salzpflanzen an. Einige ihrer häufigsten Arten sind allerdings sehr unscheinbar (s. Abb. 56).

Verbreitet ist der **Gemeine Salzschwaden** (*Puccinellia distans*), ein zierlich gebautes, mehrjähriges Gras mit großem, rispenförmigem Blütenstand. Die einzelnen Ährchen sind mehrblütig, fast stielrund und grannenlos. Daran, daß die unteren Rispenäste zu 4 – 5 stehen und zur Fruchtzeit herabgeschlagen werden und am Fehlen von Ausläufern läßt sich das Gras von ähnlichen Arten unterscheiden.

Dann sollten wir auf die **Salzbunge** (*Samolus valerandi*) achten, eine kleine Staude mit verkehrt eiförmigen Rosettenblättern am Grunde. Der beblätterte Sproßteil ist steil aufrecht verzweigt und endigt in traubigen Blütenständen mit kleinen, weißen, fünfzähligen Blüten. Als Früchte entwickeln sich Kapseln.

Ebenfalls zu den Primelgewächsen gehört das **Salzmilchkraut** (*Glaux maritima*), das in feuchten, salzigen Wiesen wächst. Die bis 20 cm hohen Sprosse der Staude sind dicht mit fleischigen lanzettlichen gegenständigen Blättern besetzt, in deren Achseln einzeln die Blüten stehen. Sie besitzen eine einfache, rosagefärbte, fünfzählige Blütenhülle.

Schließlich sei noch die **Strandsode** (*Suaeda maritima*) erwähnt, die häufiger als der nahe verwandte und als Schlickpflanze bekannte **Queller** (*Salicornia europaea*) an Salzstellen des Binnenlandes zu finden ist. Beide Pflanzen sind einjährig und dickfleischig. Den Queller erkennt man am blattlosen, armleuchterartigen Sproß, während die Strandsode hauptsächlich am Grunde verzweigt ist. Ihre Äste sind mit fleischigen und halbwalzigen Blättern besetzt, die in den Achseln jeweils einen Knäuel aus zwei bis drei Blüten tragen.

Um die Salzlagerstätten des Zechsteins kennenzulernen, wollen wir Grubenfahrten unternehmen. Wie wir später sehen werden, bestehen grundlegende Unterschiede in der Lagerungsform der Salzflöze. In Hessen werden die Kalisalze der Werraserie, die dort *flach gelagert* sind, bei Neuhof, südl. von Fulda, und bei Phillipsthal und Heringen an der Werra abgebaut (s. Abb. 57). In diesem Gebiet ist die Land-

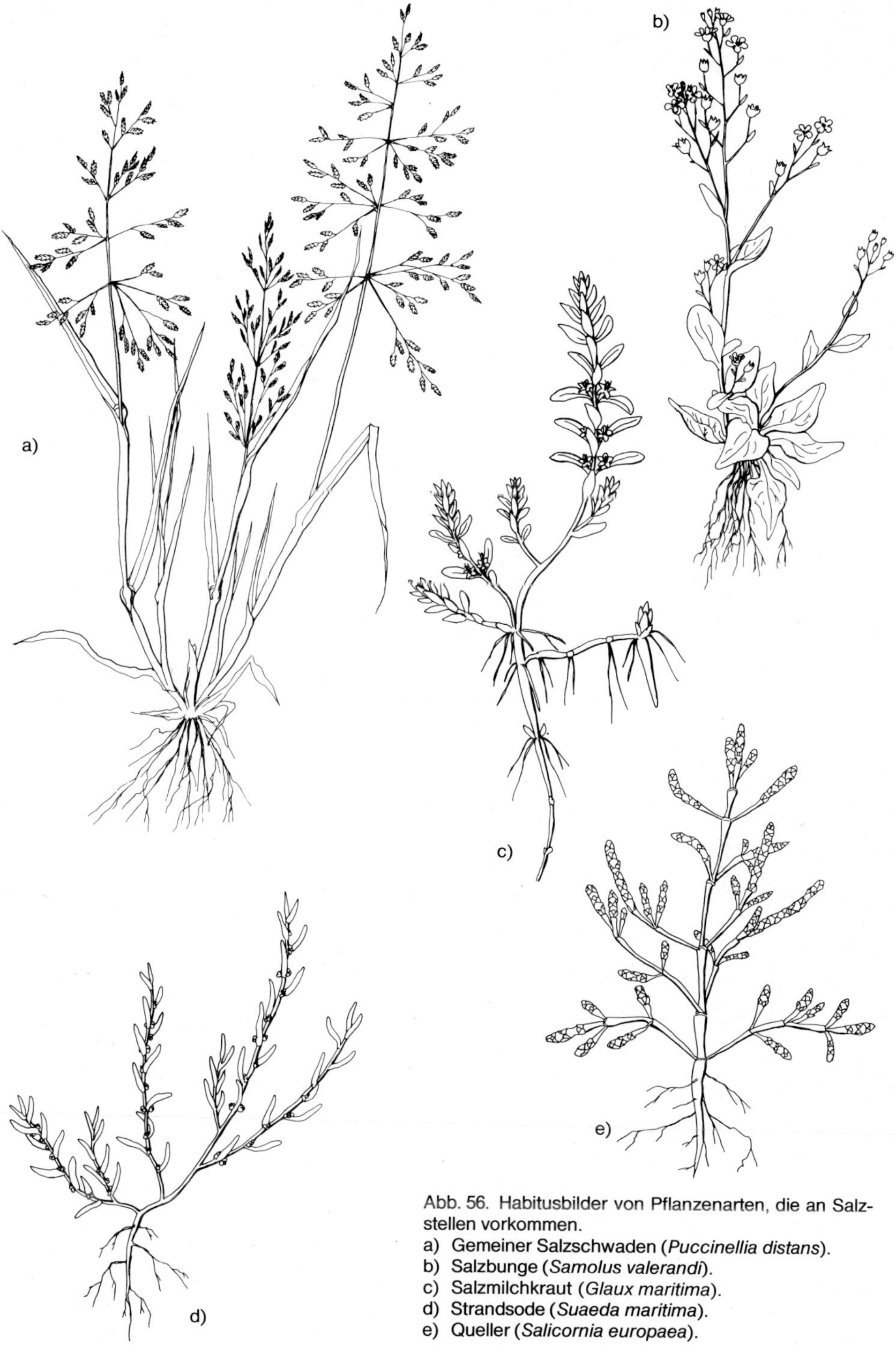

Abb. 56. Habitusbilder von Pflanzenarten, die an Salzstellen vorkommen.
a) Gemeiner Salzschwaden (*Puccinellia distans*).
b) Salzbunge (*Samolus valerandi*).
c) Salzmilchkraut (*Glaux maritima*).
d) Strandsode (*Suaeda maritima*).
e) Queller (*Salicornia europaea*).

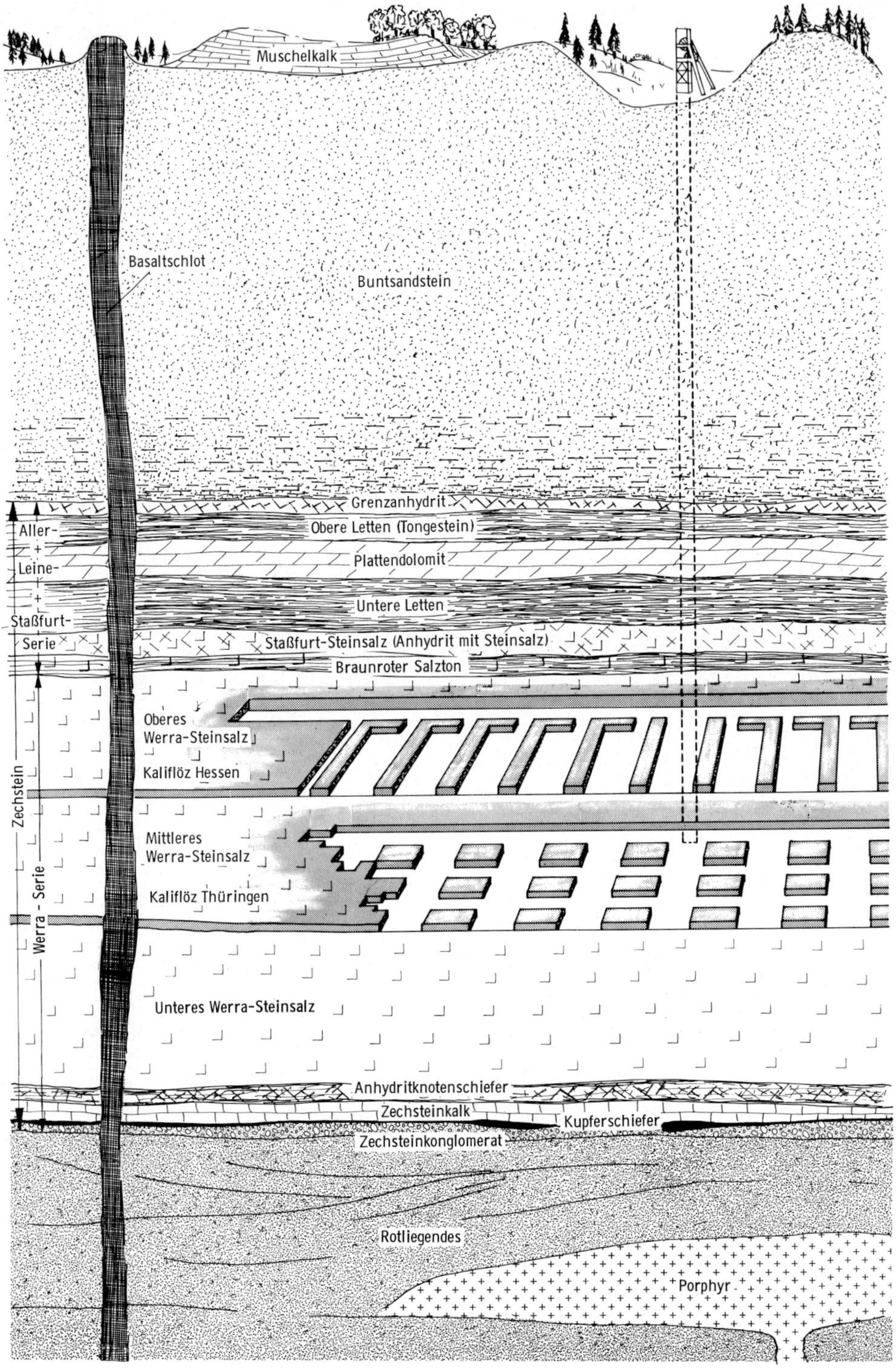
Muschelkalk
Basaltschlot
Buntsandstein
Grenzanhydrit
Aller-
+
Leine-
+
Staßfurt-
Serie
Obere Letten (Tongestein)
Plattendolomit
Untere Letten
Staßfurt-Steinsalz (Anhydrit mit Steinsalz)
Braunroter Salzton
Oberes
Werra-Steinsalz
Kaliflöz Hessen
Zechstein
Werra - Serie
Mittleres
Werra-Steinsalz
Kaliflöz Thüringen
Unteres Werra-Steinsalz
Anhydritknotenschiefer
Zechsteinkalk
Kupferschiefer
Zechsteinkonglomerat
Rotliegendes
Porphyr

Abb. 57. Flach gelagerte Kalisalzlagerstätte im Werragebiet mit zwei Flözen. Auf der oberen Sohle wurde Kammerbau mit langen schmalen Kammern betrieben, während auf der unteren Kammer-Pfeilerbau eingerichtet ist (kombiniert nach E. Fulda, H. Roth und M. Psotta).

schaft als waldiges Bergland durch die rotgefärbten Sandsteinschichten der Buntsandsteinzeit geprägt. Ein anderer Wesenszug sind die vielen Vorkommen tertiärer Basalte, die sich als kleinere Kuppen erheben oder größere zusammenhängende Vulkangebiete wie die Rhön bilden.

Die Schächte der Salzbergwerke durchteufen die mehrere hundert Meter mächtigen Gesteinsfolgen des Buntsandsteins und erreichen darunter die Zechsteinablagerungen. Auf dem Niveau der Kaliflöze, von denen hauptsächlich das Flöz Hessen abgebaut wird, breitet sich das Grubengebäude in einer fast horizontalen Fläche aus. Auch unter Tage begegnet man der Erscheinung des Basaltvulkanismus wieder: die Sedimente sind in der ganzen Gegend von schmalen, saiger stehenden Basaltgängchen durchschlagen.

In der Kalisalzgrube fällt sofort auf, daß die Strecken und Abbaukammern sehr weiträumig und großzügig angelegt sind. Allerdings bleiben beim Abbau in der flachen Lagerung alle Teile verhältnismäßig niedrig, auch die Kammern, obwohl sie mit einer Grundfläche von 20×240 m die Größenordnung von Hallen erreichen. Das liegt daran, daß die Flöze nur etwa 2–3 m mächtig sind und dadurch die durchschnittliche Höhe der Grubenbaue vorgegeben ist. Entsprechend zeichnen sich die dort eingesetzten großen, modernen, gummibereiften Lade- und Transportfahrzeuge durch eine niedrige Bauweise aus, wobei die Räder allein fast bis an die Decke reichen. Die Abbaukammern sind durch langgestreckte oder quadratische Festen getrennt, die in ihrer Breite so berechnet sind, daß sie das auflagernde Deckgebirge zu tragen vermögen. Über weite Gebiete besitzt das Grubengebäude eine streng geometrische, rechtwinklige Einteilung.

Auf der Abbausohle können wir fast überall an den Wänden den schichtigen Flözaufbau studieren. Ein Kaliflöz gliedert sich nämlich in Bänke mit unterschiedlicher Mineralzusammensetzung. Sie lassen sich rein äußerlich durch ihre Farbe und charakteristische Gefüge unterscheiden. Für die einzelnen Leithorizonte des Flözes Hessen im Werragebiet haben die Bergleute treffende Bezeichnungen entwickelt, z. B. *„Wurmpartie“* mit *„Unterer“* und *„Oberer Wurmschnur“* für den unteren Lagerteil, der auf dem Basissteinsalz liegt. Der mittlere Lagerteil heißt *„Flockensalzpartie“*. Dann wird der Beginn des oberen Lagerteils durch eine *„Tondoppelschnur“* angezeigt. Er enthält die *„Partie des gebankten Hartsalzes“* und wird im Hangenden durch einen *„Tonlöser“* begrenzt. An dieser dünnen Schicht reißt das Hartsalz leicht vom darüberfolgenden Steinsalz ab. Die Steinsalzbank stellt ein Zwischenmittel zwischen dem Hauptlager und einem hangenden Begleitkaliflöz dar. Darüber schließt sich das obere Werrasteinsalz an.

Der Aufbau eines Flözes bleibt sich über weite Erstreckungen ziemlich gleich. Allerdings kann ein Wechsel in der Vorherrschaft der verschiedenen Kaliumsalzminerale oder selbst Vertaubung eintreten. Um die mineralogischen Erscheinungen näher zu studieren, werden wir mit Fahrzeugen zu verschiedenen Aufschlußpunkten fahren.

In einer leicht abwärtsführenden Strecke ist das mittlere Werrasteinsalz, das das

Flöz Thüringen vom höhergelegenen Flöz Hessen trennt, in einem größeren Ausschnitt zu sehen. Bemerkenswert ist die gut ausgeprägte feine *Bänderung* des Salzes, die wahrscheinlich auf eine periodisch wechselnde, jahreszeitlich bedingte Änderung der Sedimentation zurückzuführen ist. Es wechseln sehr reine weiße, 3 – 15 cm dicke Steinsalzlagen mit dunkleren schmalen Linien oder diffusen Bändern ab, in denen Anhydrit und tonige Substanz angereichert sind. Nach dem optischen Erscheinungsbild unterscheidet man zwischen *Linien-*, *Bänder-* und *Schwadensalz,* bei dem die Verunreinigungen diffus verteilt sind.
Während der Grubenfahrt wollen wir nach und nach die wichtigsten Salzminerale kennenlernen. Wir werden dazu unseren Geschmackssinn mitbenutzen und die Minerale anlecken. Das Steinsalz, mit vorrangigem Namen als **Halit** (Tab. 10) zu bezeichnen, schmeckt bekanntlich rein salzig. Da für die Salzgesteine ein grobkristallines Gefüge geradezu charakteristisch ist, lassen sich viele Mineraleigenschaften besonders gut erkennen. Halit besitzt eine vollkommene Spaltbarkeit nach den Würfelflächen. Die Ritzhärte ist so gering, daß das Mineral mit dem Fingernagel geritzt werden kann. Entsprechend der wissenschaftlichen Benennungsweise der Salzgesteine nach ihren Hauptkomponenten heißt ein aus Halit bestehendes Gestein **Halitit.**
Einer größeren Vielfalt an Salzmineralen begegnen wir in den Kaliflözen. Aufgrund von physikalisch-chemischen Untersuchungen und Vergleichen mit den tatsächlich vorkommenden Salzgesteinen läßt sich annehmen, daß während des letzten Eindampfabschnittes normalerweise als Hauptprodukt ein Sediment aus Carnallit, $KMgCl_3 \cdot 6\,H_2O$, Kieserit, $Mg[SO_4] \cdot H_2O$, und Halit, NaCl, gebildet wurde. Das Gestein wäre z. B. als **Halit-Kieserit-Carnallitit** zu bezeichnen, der auch in den Kalisalzlagern gefunden wird. Auf das Kaliumsalzmineral **Carnallit** (Tab. 10) wird man durch den bitteren, etwas stechenden Geschmack aufmerksam gemacht. Das Mineral glänzt fettig und ist sehr häufig durch eingelagerte Hämatitschüppchen rot gefärbt. In der Grube läßt sich sehr gut folgendes Erkennungsmerkmal anwenden: Wenn wir die Spitze des Geologenhammers auf das Mineral drücken und drehen, quietscht es. Im Carnallitkristall werden dabei durch die Deformation veränderliche Zwillingsbildungen hervorgerufen. Der Carnallit selbst läßt sich mit dem Fingernagel ritzen, dagegen verleihen beigemengte Sulfatminerale wie z. B. **Kieserit** (Tab. 10) dem Salzgestein insgesamt eine größere Härte und Festigkeit. Der Kieserit läßt sich mit Stahl mild ritzen, d. h. das Pulver springt nicht weg. An der Luft verwittert das Mineral zu widrig bitter schmeckendem Epsomit (Bittersalz), $MgSO_4 \cdot 7\,H_2O$, und wird von einer weißen Kruste überzogen.
Die mineralische Zusammensetzung der Kaliflöze läßt sich nicht allein mit primären Ausscheidungsvorgängen erklären. Nachdem die Salzlager durch spätere Sedimentüberdeckung während geologischer Zeiträume in größere Tiefe der Erdkruste gelangten, wandelten sich die auf Temperatur- und Druckerhöhung sehr empfindlich reagierenden Salzgesteine weitgehend um. Wenige Kilometer Tiefe mit Temperaturen über 70 – 80 °C bewirkten grundlegende Änderungen in der Mineralparagenese. An den chemischen Umsetzungen waren vor allem aufsteigende wäßrige Lösungen beteiligt, die zum Teil bei den Mineralumwandlungen selbst aus frei werdendem Kristallwasser entstanden. Eine große Rolle spielte dabei der Übergang von Gips in Anhydrit in den mächtigen Ablagerungen der Sulfatphasen.

Das wichtigste Ergebnis in bezug auf die Kalisalzlager war eine Veredelung der Salzgesteine, indem aus Carnallit der hochwertigere Sylvin, KCl, gebildet wurde. Auch der **Sylvin** (Tab. 10) besitzt einen charakteristischen Geschmack, der bitter salzig und etwas scharf ist. Im Gegensatz zu Halit ist Sylvin seltener glasklar, sondern meist milchig trüb mit weißer, grauer oder roter Färbung (Farbtaf. IV, Bild 4, Seite 100). Das Mineral läßt sich mit dem Fingernagel ritzen. Kieserit als Begleitmineral erhöht wiederum die Festigkeit des Salzgesteins, so daß der Bergmann z. B. einen **Kieserit-Halit-Sylvinit** als *Hartsalz* bezeichnet. Auch im Flockensalz des Kaliflözes Hessen liegt eine Paragenese mit Kieserit und Sylvin vor. Oberhalb von 83 °C können die beiden Minerale miteinander zu **Langbeinit,** $K_2Mg_2[SO_4]_3$ (Tab. 10), reagiert haben, der eine ähnliche Härte wie Kieserit besitzt, aber spröd ist. Langbeinit ist Begleitmineral im *Langbeinitischen Hartsalz* der Bergleute. Ebenso wie Halit ist **Anhydrit** (Tab. 10), der aus Gips entstanden ist, als Durchläufer in den Kalisalzen zu finden. Er gehört auch zu den etwas härteren Mineralen und ist spröd. Ein gutes Erkennungsmerkmal bildet seine pseudokubische Spaltbarkeit. Anhydrit ist als festigende Komponente im *Anhydritischen Hartsalz* enthalten.
Von den verschiedenen Salzgesteinen sollten wir uns Proben im Handstückformat mitnehmen. Im Gegensatz zu unseren sonstigen Erzen und Gesteinen lassen sich viele Kalisalze jedoch nicht über längere Zeit an der Luft aufbewahren. Carnallit wird uns z. B. zerfließen. Eine Möglichkeit der Konservierung besteht darin, die Stücke in Schaugläsern mit eingeschliffenen Deckeln unterzubringen. Man kann sie auch in Einkochgläsern, selbstverständlich ohne Wasser hineinzutun, einwecken. Was wir während der Grubenbefahrung nicht im Anstehenden gefunden haben, sind gut ausgebildete Kristallgruppen aus Salzmineralen, die in Sammlungen immer eine besondere Anziehungskraft auf den Besucher ausüben. Man findet sie in den sogenannten *Laugenstrecken,* die zeitweise konzentrierte Salzlösungen enthielten. Üblicherweise ist dort der Boden bedeckt mit herrlichen Stufen aus ineinandergeschachtelten Steinsalzwürfeln.
Mit besonderem geologischem Interesse beachten wir die Aufschlußpunkte, die uns die erdgeschichtlich jungen, vulkanischen Erscheinungen vergegenwärtigen. An einigen Lokalitäten sehen wir z. B., wie das helle Salz mit messerscharf abgegrenzten, steil stehenden, dunklen *Basaltgängchen* durchsetzt ist. Obwohl die Salzminerale ja sehr temperaturempfindlich sind, halten sich die Kontakterscheinungen sehr in Grenzen. Das verdeutlicht den raschen Abschreckungsvorgang der auf Spalten eingedrungenen Basaltschmelze. Mit dem Vulkanismus hängen die *Kohlensäureanreicherungen* in einigen Teilen der Salzlager zusammen. Das Gas ist unter hohem Druck in den Salzmineralen enthalten. Für den Bergbau sind solche Bezirke sehr gefährlich, da nach Druckentlastung an den Wänden des Grubenbaues das Salzgestein explosionsartig entgasen kann und dabei fortgeschleudert wird. Von derartigen Ereignissen zeugen später große trichterartige Hohlräume. Mit einer Salzprobe, die von einer solchen Stelle stammt, können wir ein einfaches und doch eindrucksvolles Experiment durchführen, indem wir es in ein Glas mit Wasser geben. Während es sich langsam auflöst, werden laufend Gasbläschen frei, die aus CO_2 bestehen.
Wenden wir uns nun den besonderen Verhältnissen im norddeutschen Flachland zu. Hier wurden die Salzlager des Zechsteins von der Trias bis zum Quartär von

einer mächtigen Schichtenfolge überdeckt. Das Gebiet befand sich kontinuierlich in der Lage eines Sedimentationsbeckens, während sich in Hessen zeitweilig eine Schwelle erhob. Unter dem auflastenden Druck verhielten sich die chloridischen Salzgesteine wie ein plastisches Material. Da sie gegenüber den auflagernden Gesteinen ein geringeres spezifisches Gewicht besitzen, hatten sie das Bestreben, nach oben zu dringen. Die Salzmassen sammelten sich in Salzkissen und Salzbeulen. Nachdem an tektonischen Schwächestellen der Erdkruste Spalten aufrissen, drang dort das Salz nach oben und häufig bis an die Erdoberfläche vor. Es bildeten sich mauerartige, stock- oder pilzförmige Salzkörper, die *Salzstöcke* oder *Diapire,* deren aufgedrungenes, ursprünglich horizontal geschichtetes Material äußerst intensiv verfaltet ist. Die starren Schichtglieder der Sulfatphasen sind in Stücke zerbrochen und zum größten Teil in der Tiefe steckengeblieben. Um die Form und den Bauplan eines Salzstockes zu enträtseln, sind geophysikalische Untersuchungen, Bohrungen und die Ergebnisse der Grubenkartierung vonnöten. In Niedersachsen sind auf vielen Salzstöcken Schachtanlagen eingerichtet. Das bergmännische Interesse gilt hauptsächlich den Kalisalzen, die den Kaliflözen der Leineserie des Zechsteins angehören. Im Raum Hannover ist das Kaliflöz Ronnenberg, weiter nördlich das Kaliflöz Riedel bedeutungsvoll. In untergeordnetem Maße wird auch Steinsalz als Speise- und Gewerbesalz abgebaut.

Eine weitere Grubenbefahrung im Salz soll uns mit den besonderen Erscheinungen der Diapire vertraut machen (s. Abb. 58). Wegen der überwiegend *steilen Lagerung* der Kaliflöze werden viele Sohlen angelegt, und das Grubengebäude wächst bis in sehr große Teufen. Strecken und Kammern sind viel höher gebaut als bei der flachen Flözlagerung. Die Teufe macht sich durch die herrschenden Temperaturen bemerkbar, die trotz Bewetterung merklich hoch sind. Das eigentliche Ziel dieser Befahrung stellen die Aufschlußbilder dar, die sich überall an Wänden und Firsten in reicher Abwechslung bieten. Trotz der starken mechanischen Verformung ist die ursprüngliche Schichtenabfolge erkennbar geblieben, so daß mit Hilfe von Leithorizonten eine stratigraphische Orientierung möglich ist. Durch die großräumige *kulissenartige Faltung* bedingt, kommen alle Lagerungsformen von söhlig bis invers vor. Im einzelnen begegnen uns feine Fältelungen, das Ausdünnen von Schichtgliedern oder sekundäre Vermehrung der Schichtmächtigkeit. Das letztere ist vor allem bei den Kaliflözen von Belang. Im Gegensatz zu den Salzschichten reagierten die Anhydritpartien spröde und zerbrachen in einzelne Schollen, die nicht unbedingt im Schichtverband verblieben sind. Die uns von den flachgelagerten Kaliflözen bekannten Mineralumwandlungen kehren in den Salzstöcken wieder. Die Bildung von sehr reinen Kalisalzlagern, insbesondere von Sylviniten, wurde durch die mechanische Durchbewegung sogar noch gefördert. Wenden wir jetzt unsere besondere Aufmerksamkeit den gefügemäßigen Änderungen im Mineralkornbereich zu. Zusammen mit den Faltungsbildern und den neugebildeten Mineralparagenesen liefern sie lauter Kriterien, die für den *metamorphen* Charakter derartiger Salzgesteine sprechen. Hierzu gehört das Auftreten von „Kristallaugen“ im Steinsalz. Es handelt sich dabei um klar durchsichtige Kristallbereiche, deren Kristalle nachträglich auf Kosten der Nachbarkristalle weitergewachsen sind. Diese *Porphyroblasten* oder *gesproßten* Kristalle haben im Halitit meist Durchmesser von mehreren Zentimetern, können aber selbst metergroße Partien umfassen.

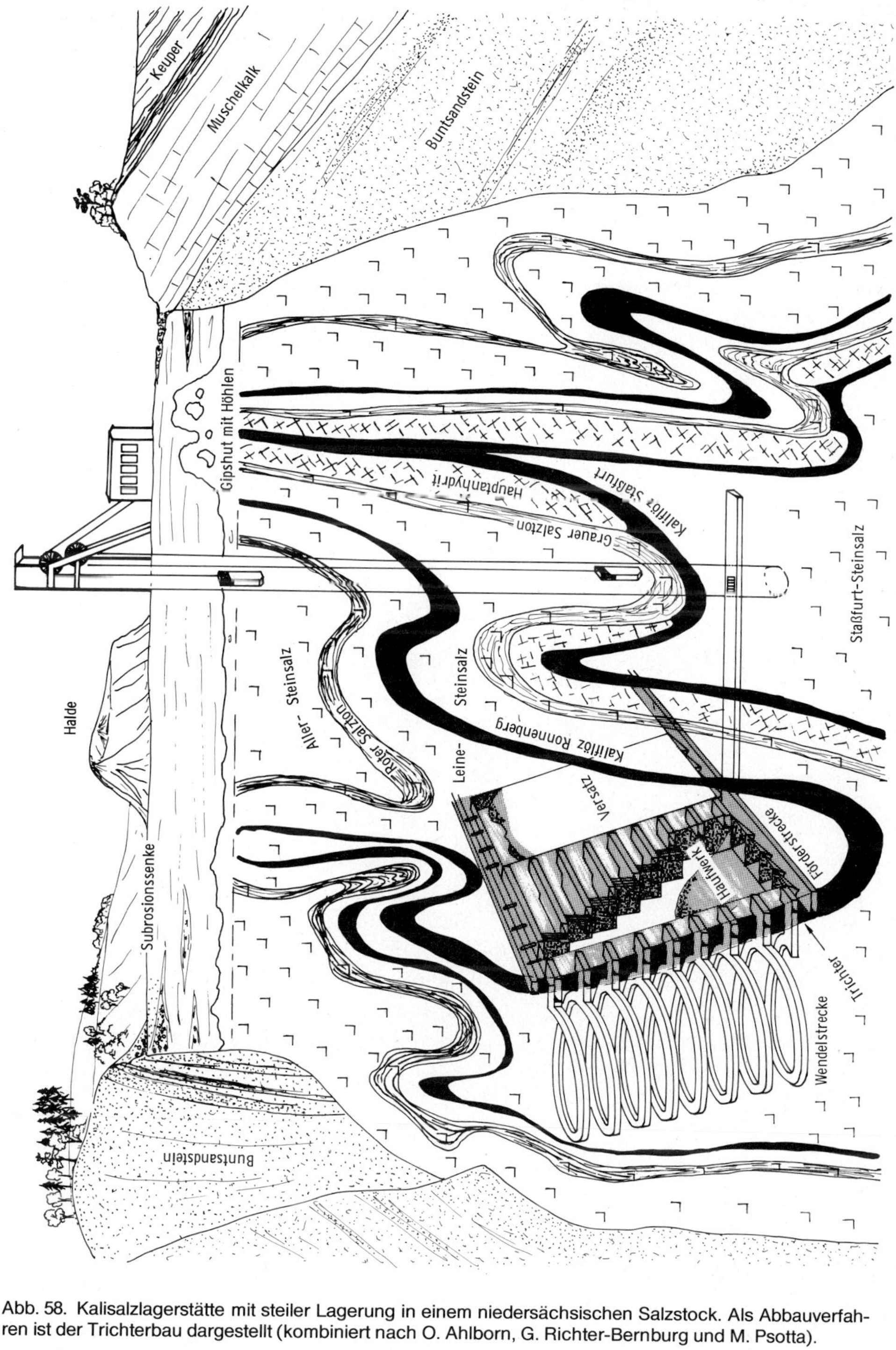

Abb. 58. Kalisalzlagerstätte mit steiler Lagerung in einem niedersächsischen Salzstock. Als Abbauverfahren ist der Trichterbau dargestellt (kombiniert nach O. Ahlborn, G. Richter-Bernburg und M. Psotta).

Eine Besonderheit, die in manchen Salzlagerstätten angetroffen wird, ist intensiv blau gefärbtes Steinsalz. Die Färbung wird auf radioaktive Bestrahlung zurückgeführt, die von dem K^{40}-Isotop der Kaliumminerale ausging. Besonders schöne Spaltstücke aus blauem Steinsalz lassen sich bei grobspätiger Ausbildung des Salzgesteins gewinnen.
Nach der Phase der sedimentären Bildung der Salzlager und nach der Salzmetamorphose und Intrusion ist in der Entwicklungsgeschichte der Salzstöcke schließlich noch der Abschnitt der Umbildung in der Verwitterungszone ausgeprägt. Der Salzkörper endet mit einer ziemlich ebenen oberen Begrenzungsfläche, dem *Salzspiegel,* bis zu dem die Salzlösung im Grundwasser fortgeschritten ist. Darüber lagert ein *Residualgebirge* aus Lösungsrückständen, das sehr heterogen einerseits aus tonigen Massen, andererseits aus Gips- und Anhydritkomplexen zusammengesetzt ist. Der Salzstock ist also von einem sogenannten *Gipshut* bedeckt. Es ist zu bemerken, daß sich das Mineral Gips sekundär durch Wasseraufnahme aus Anhydrit zurückgebildet hat. Da der Gipshut gewöhnlich stark verkarstet ist und wassergefüllte Höhlen enthält, bereitet er dem Bergbau gewisse Schwierigkeiten. Besonders beim Schachtabteufen droht von ihm her die Gefahr von Wassereinbrüchen, die nirgends so gefürchtet sind wie im Salz. Mit dem eigentlichen Abbau wird erst in einer vor Oberflächeneinflüssen ziemlich sicheren Teufe wenige hundert Meter unter dem Salzspiegel begonnen.
In den oberen Teilen des Salzkörpers kann es auch zu einer Umbildung von Salzmineralen gekommen sein. Ein typisches Beispiel ist die Bildung von Kainit, $KMg[Cl|SO_4] \cdot 2\frac{3}{4} H_2O$, aus Carnallit, Kieserit und Wasser. Wenn diese Reaktion in größerem Umfange abgelaufen ist, spricht man auch von einem Kainithut. Ein Erkennungsmerkmal vom **Kainit** (Tab. 10) ist sein stechender Geschmack. Gewöhnlich kommt er in feinkörnigen Aggregaten vor, die beim Zerschlagen splittrig brechen und deren Bruchflächen schimmern. Das Mineral zerfließt nicht an der Luft wie Carnallit und besitzt eine größere Härte als die rein chloridischen Kaliumminerale.
Zum Schluß scheinen noch einige Bemerkungen über das Erscheinungsbild der Salzstöcke in der Landschaft angebracht. Über den Diapiren erstreckt sich meist in der Ausdehnung des Salzspiegels eine flache *Subrosionsmulde,* in der meist tertiäre und quartäre Ablagerungen das Residualgebirge überdecken. Die vom Salz durchschlagene mesozoische Schichtfolge bildet an den Salzstöcken komplizierte *Sattelstrukturen,* die sich im südhannoverschen Bergland auch morphologisch herausheben. Dort legen sich um die Subrosionsmulden Höhenrücken aus härteren Sandstein- oder Kalksteinabfolgen herum.

Tabelle 10: Minerale der Eindampfungsgesteine.

Gips, $CaSO_4 \cdot 2\,H_2O$: Glas- bis seidenglänzend; farblos oder verschieden gefärbt; *mit dem Fingernagel ritzbar, sehr vollkommene Spaltbarkeit nach der Ebene, in der die Lagen des Schichtgitters angeordnet sind;* feinkörnig, dicht, faserig oder grobspätig; häufig sind gut ausgebildete auf- oder eingewachsene Kristalle ausgebildet.
Anhydrit, $CaSO_4$: Farblos, weiß, grau oder bläulich; mit Stahl leicht *ritzbar; spröd;*

charakteristisch ist die *pseudokubische Spaltbarkeit;* kommt in körnigen oder spätigen Massen vor.

Halit (Steinsalz), NaCl: Häufig glasklar und farblos, sonst weiß, grau, gelb, rotbraun oder durch radioaktive Strahlung blau bis violett; *mit dem Fingernagel ritzbar;* zeigt *vollkommene Spaltbarkeit nach den Würfelflächen; schmeckt rein salzig;* ist Hauptbestandteil oder Begleitmineral in Salzgesteinen; körnig, spätige Massen oder meist würfelförmige Kristalle bildend.

Carnallit, $KMgCl_3 \cdot 6\,H_2O$: Fettiger Glasglanz, seltener farblos, weiß, grau, gelb oder braun gefärbt, meist *rot mit metallischem Schimmer* durch eingelagerte Hämatitschüppchen; *mit dem Fingernagel ritzbar;* besitzt *muscheligen Bruch; knirscht quietschend bei mechanischer Beanspruchung* durch die aufgedrückte und gedrehte Spitze des Geologenhammers; weiterhin typisch ist der *bittere, etwas stechende Geschmack.* Das Mineral ist an der Luft zerfließlich und *löst sich in wenig Wasser unter Abscheidung von KCl-Kristallen.* Vorkommen in grobkörnigen Massen.

Sylvin, KCl: Meist milchigtrüb weiß, grau oder rot; *mit dem Fingernagel ritzbar; vollkommene Spaltbarkeit nach dem Würfel.* Der Geschmack ist *bitter salzig und etwas scharf.* Das Mineral bildet körnige oder spätige Massen.

Kainit, $KMg[Cl|SO_4] \cdot 3\,H_2O$: Weiß, gelblich, grau, seltener rot; mit Stahl leicht *ritzbar; schmeckt stechend;* liegt gewöhnlich in feinkörnigen Aggregaten vor, die beim Zerschlagen splittrig brechen und schimmernde Bruchflächen erhalten.

Kieserit, $MgSO_4 \cdot H_2O$: Weiß, grau oder gelblich, seltener rötlich oder grünlich, meist matt; verwittert an der Luft mit weißer Kruste zu bitterem Epsomit; wird von Stahl leicht **geritzt,** wobei das Ritzpulver **mild** liegen bleibt; besitzt vollkommene Spaltbarkeit; ist häufiges Begleitmineral in Kalisalzgesteinen; bildet in reiner Form helle Schnüre und Lagen; die Ausbildung ist fein- bis grobkörnig.

Langbeinit, $K_2Mg_2[SO_4]_3$: Farblos weiß oder andersfarbig; mit Stahl leicht *ritzbar; spröd; muscheliger Bruch;* körnig, bildet Knollen, Lagen, Nester und Schnüre.

Beobachtungen an Gefüge und Mineralbestand der metamorphen Erze

Bislang lernten wir die Erze der magmatischen Abfolge und des sedimentären Bereichs kennen. Dabei haben wir mit Bedingungen der höchsten Temperaturen und Drücke im liquidmagmatischen Stadium begonnen und kamen später zu den gemäßigten Verhältnissen der Erdoberfläche. Am Beispiel der Salzmetamorphose erfuhren wir bereits den Einfluß einer späteren Temperaturzunahme und beobachteten Veränderungen durch tektonische Vorgänge. Nun wollen wir uns mit metamorphen Vorgängen beschäftigen, die die Gesteine und Erze in ihrer Gesamtheit und nicht nur die empfindlichen Salzgesteine erfassen. Grundsätzlich müssen wir unterscheiden zwischen einer Metamorphose im Kontaktbereich von magmatischen Intru-

sionskörpern und einer regional verbreiteten Metamorphose, bei der Krustenteile tief abgesunken sind und meist gleichzeitig der Gebirgsbildung, d. h. einer Faltung und Schieferung, unterworfen wurden.
In beiden Fällen können mitunter gleiche Minerale gebildet werden. Mit steigender Metamorphose nähern wir uns mehr und mehr den magmatischen Verhältnissen. Wenn die Versenkung und Aufheizung von Gesteinen immer weiter abläuft, wird schließlich ein Punkt erreicht, an dem die Aufschmelzung beginnt.
Zunächst einmal betrachten wir die Erzbildungen der *Regionalmetamorphose.* Wenn wir uns fragen, welche Bedeutung die metamorphen Lagerstätten besitzen, müssen wir uns klarmachen, daß weite Regionen der Erde von metamorph beeinflußten Krustenteilen eingenommen werden. Dazu gehören die alten Festlandskerne, wie z. B. der Baltische Schild, in denen die Erdkruste durch mehrere präkambrische Gebirgsbildungen konsolidiert wurde. Aber auch die Gebiete der paläozoischen und schließlich der ganz jungen alpidischen Faltengebirge wurden in ihren zentralen Zonen der Metamorphose unterworfen. In solchen geologischen Positionen trifft man überall metamorphe Vererzungen an. Hinsichtlich ihrer ursprünglichen Entstehung lassen sich diese jedoch entweder den magmatischen oder den sedimentären Bildungen zuordnen. Durch eine der beiden Abfolgen wurde die eigentliche Erzanreicherung bewirkt, während der Metamorphose hauptsächlich eine überformende Rolle zufällt. Vor allem sorgten die während eines bestimmten Metamorphosestadiums herrschenden Druck- und Temperaturbedingungen dafür, daß sich ganz bestimmte Mineralgesellschaften entwickelten.
Einige Minerale, die auch als Gemengteile in metamorphen Gesteinen vorkommen, bilden Lagerstätten mineralischer Rohstoffe, wenn sie in reiner Form oder genügend angereichert auftreten. Dazu gehören die Magnesiumminerale **Talk** und **Serpentin** (beide Tab. 3), die meist bei der Umwandlung von Olivingesteinen entstanden sind. Die Bildung der Serpentinmodifikation **Chrysotil** beginnt bereits mit der Autometamorphose, d. h. unter dem Einfluß von magmatischen Restlösungen. Feinfaserig ausgebildeter Chrysotil liefert den Rohstoff **Chrysotilasbest (Serpentinasbest,** Tab. 11, I). Durch Regionalmetamorphose entsteht auch die andere Modifikation **Antigorit** (Tab. 11, I), die in dichter Form zu kunstgewerblichen Gegenständen verarbeitet wird.
Als Asbestrohstoffe sind außer dem Chrysotil noch einige Hornblendeminerale wichtig, die ebenfalls bei der Metamorphose gebildet werden (Abb. 59). Es handelt sich um **Krokydolith, Tremolit, Aktinolith** und **Amosit** (alle Tab. 11, I). In diesem Zusammenhang wollen wir gleich wieder einen Seitenblick auf die Schmucksteine werfen. Zu ihnen gehören einige Varietäten von verkieselten Hornblendeasbesten. Krokydolithfasern enthalten der blaue **Saphirquarz** und das blaue bis blaugraue, seidenglänzende **Falkenauge.** Beim häufigeren goldgelb bis goldbraun gefärbten, ebenfalls seidenglänzenden **Tigerauge** ist der Krokydolith teilweise in Eisenhydroxid umgewandelt. Das Quarzkatzenauge zeichnet sich durch grüne ins Graue neigende Färbung und einen wogenden Lichtschein aus, der auf Asbestreste zurückzuführen ist. Im lauchgrünen **Prasem** ist Aktinolith eingeschlossen.
Eine Reihe von Mineralen, die für den metamorphen Bereich typisch sind und die als Rohstoffe spezielle Verwendungen finden, begegnete uns bereits in besonderen Pegmatittypen (Tab. 5, VI). Für hochfeuerfeste Werkstoffe werden die drei Al_2SiO_5-

Abb. 59. Hornblendeasbest in parallelfaserigen und radialstrahligen Aggregaten. Fundort: Paakkila, 17 km nördlich Maljasalmi, Finnland.

Modifikationen **Sillimanit, Disthen** und **Andalusit** sowie der **Dumortierit** benutzt. **Korund** und **Granat,** die ebenso kontaktmetamorph gebildet werden, dienen als Schleifmittel. Im regionalmetamorphen Bereich kommt **Graphit** in den **Graphitschiefern** vor, die ursprünglich Sedimente mit viel organischer Substanz waren.

Wie ist es nun mit Erzlagerstätten bestellt? Davon gibt es sehr verschiedenartige Ausbildungen, die im einzelnen so kompliziert aufgebaut sein können, daß die Deutung ihrer ursprünglichen Anlage sehr erschwert ist. Abgesehen vom Auftreten neuer Mineralgesellschaften in Anpassung an die herrschenden Druck- und Temperaturbedingungen bereiten die tektonischen Veränderungen oft große Schwierigkeiten, durch die die ursprünglichen Verbandsverhältnisse und Gefüge weitgehend zerstört worden sind. Im Rahmen der gebirgsbildenden Vorgänge beobachten wir am häufigsten *Faltungen* und die Ausbildung von *Schieferungsgefügen.* Während das Gestein im ganzen plastisch verformt wird, können die einzelnen Mineralkörner zerbrechen. Das Gestein ist dann gleichmäßig zerkörnt oder *granuliert.* Mit gegenläufiger Tendenz zur Granulation verläuft das Wachstum von solchen Kristallen, die günstig zu den gerichteten Druckbeanspruchungen orientiert sind. Einzelne Kristalle sprossen zu auffällig größeren *Porphyroblasten,* die meist verhältnismäßig unrein sind, da sie Fremdmaterial ihrer Umgebung umwachsen haben. Bei deutlich geschieferten metamorphen Gesteinen erscheinen auf Anbrüchen quer zur Schieferungsebene die Porphyroblasten häufig als ovale *Kristallaugen,* um die sich die schichtig eingeregelten Minerale in „lidförmigem“ Bogen herumziehen. Durch die gebirgsbildenden Bewegungen werden spröd reagierende Gesteinsverbände zu Schollen zerbrochen und an *Verwerfungsflächen* versetzt; in einzelnen Zonen reicht die Zerstückelung bis zur Bildung eines neuen Gesteins, einer *Breccie,* die aus den zusammengekitteten Gesteinsbruchstücken besteht. Auf Bahnen intensiver Bewegung kommt es auch durch feinkörnige Zermahlung zur Bildung von sogenannten *Myloniten.*

Obwohl im metamorphen Bereich Anreicherungsvorgänge nur im beschränkten Maße vorkommen, beobachtet man doch gewisse *Erzmobilisationen.* Das betrifft vor allem die Sulfidminerale, die gegenüber ihrer silikatischen Umgebung leichter plastisch deformiert werden können. Mit steigendem Metamorphosegrad werden außerdem Wassermengen frei, die als Transportmedium wirken können. Schließlich sammeln sich die Sulfide an anderer Stelle wieder zu Vererzungskörpern. Besonders bevorzugt werden dabei Orte mit relativ geringerem Druck wie Zerrspalten und im gefalteten Gesteinsverband die Faltenkerne, d. h. die zentralen Bereiche der Faltenumbiegungen.

Wenn eine metamorphe Lagerstätte sedimentär angelegt wurde, läßt sich das meist später noch daran erkennen, daß die Vererzung, abgesehen von den erwähnten Mobilisationserscheinungen, immer in einem ganz bestimmten Gesteinshorizont, d. h. schichtgebunden, auftritt. Das gilt z. B. für die **metamorphen Kieslager,** die sich aus solchen sulfidreichen Sedimentbildungen entwickelt haben, wie sie in frischem Zustand durch das Rammelsberglager oder den Kupferschiefer repräsentiert werden. Außer **Pyrit** (Tab. 4) sind als Erzminerale **Kupferkies** (Tab. 4), **Zinkblende** (Tab. 7, III) und **Bleiglanz** (Tab. 7, II) verbreitet. Die Metamorphose kann auch zur Bildung von **Magnetkies** (Tab. 4) geführt haben, indem bei höheren Temperaturen vom Pyrit Schwefel abgestoßen wurde. In den reichen Erzpartien ist das Gefüge meist richtungslos körnig. Wenn die Begleitminerale zunehmen, nimmt das Erz häufiger das Aussehen eines kristallinen Schiefers mit flächig orientierten Parallelgefügen an (s. Abb. 60 und Farbtaf. IV, Bild 6, Seite 100). Interessanterweise tritt der aus den entsprechenden sedimentären Kieslagern bekannte **Baryt** auch hier als Gemengteil auf. Ebenso verwundert es uns nicht, wenn die Begleitgesteine **Graphit** enthalten, da ja das ursprüngliche Sedimentationsmilieu durch Faulschlammbil-

Abb. 60. Faltengefüge in einer metamorphen Sulfidlagerstätte. Die Gesteinskomponente aus quarzdioritischem Gneis umschließt das in den Faltenkern eingedrungene Erz; dessen Hauptminerale sind Magnetkies und Kupferkies. Fundort: Folldal, Norwegen.

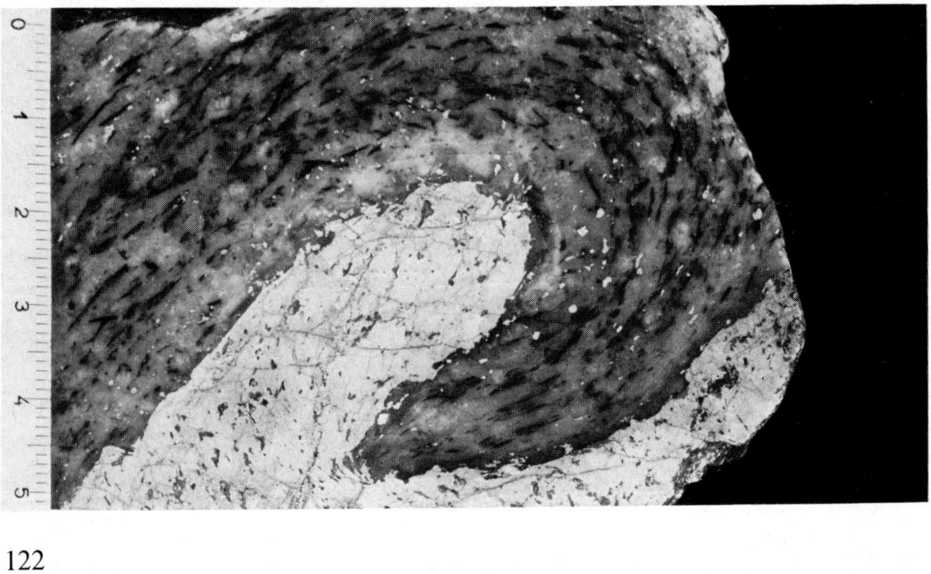

Abb. 61. Sehr feingebändertes Quarzbändererz mit Fältelungsgefüge. Die Erzbänder bestehen aus Hämatit und erscheinen wegen ihres Reflexionsvermögens hell gegenüber den Bändern aus Quarz, die das Licht schlucken. Fundort: Krivoi-Rog, Ukraine.

dung gekennzeichnet war. Welche Nichterzminerale vorhanden sind, hängt außer von der Ausgangszusammensetzung des Gesteins vom Metamorphosegrad ab. Bei mittlerer und stärkerer Metamorphose sind **Quarz, Plagioklas, Glimmer** (alle drei Tab. 5, I) und **Hornblende** (Tab. 11, I) verbreitet. Auf einen ursprünglichen Kalkgehalt wird durch die Anwesenheit von Calciummineralen wie die der **Epidotgruppe** (Tab. 11, II) hingewiesen. Etwas, das ganz typisch für die metamorphen Kieserze ist, haben wir noch nicht genannt. Das sind die gesproßten Pyritkristalle, die oft mehrere Zentimeter im Durchmesser erreichen (s. Farbtaf. IV, Bild 5, Seite 100). Obwohl sie im festen Gestein gewachsen sind, bilden sie mit klaren Begrenzungen ihre Kristallformen aus, von denen Würfel und Pentagondodekaeder (Abb. 26, Seite 53) bevorzugt werden.

Zu den oxidischen sedimentären Eisenerzen gehört ein Typ, den wir bislang unerwähnt ließen, weil er uns nur in metamorpher Form bekannt ist. Nach einem Hauptvorkommen in Itabira, Brasilien, werden diese Erze **Itabirite** genannt. Das Besondere an ihnen ist die Wechsellagerung zwischen Eisenoxidmineralen und **Quarz,** worauf die anschauliche Bezeichnung **Quarzbändererz** Bezug nimmt (s. Abb. 61). Man nimmt an, daß in den präkambrischen Zeiten, zu denen die Erze ausschließlich und in großen Mengen gebildet wurden, andere geochemische Verhältnisse herrschten als danach. Die Ausscheidung der oxidischen Eisenminerale zusammen mit Kieselsäure deutet auf eine aggressive, die Verwitterung auf dem Festland fördernde Atmosphäre hin, was sich mit einem höheren Kohlensäuregehalt der Luft erklären läßt. Da das Meerwasser mit der Atmosphäre im chemischen Gleichgewicht steht, galten auch andere Sedimentationsbedingungen.

Quarzbändererze gibt es in den präkambrischen Krustenteilen der verschiedenen Erdteile, so z. B. auch in Skandinavien. Bei mittlerem Metamorphosegrad ist **Häma-**

Abb. 62. Quarzbändererz mit breiten Lagen aus stark reflektierenden Hämatitblättchen (Eisenglimmer), die in der Schieferungsebene eingeregelt sind. Die hellen Lagen bestehen aus körnigem Quarz. Fundort: Dunderlandsdal, Finnkoteng, Norwegen.

tit (Tab. 4) das hauptsächliche Eisenerzmineral. Aufgrund der mechanischen Beanspruchung, die sich auch in der Verfaltung der Erze zeigt, liegt der Hämatit in Form von stark glänzenden Blättchen und Schuppen (Eisenglimmer) vor, die in der Schieferungsebene eingeregelt sind. In dieser Erscheinungsart heißen die Itabirite auch **Eisenglimmer-Schiefer** (s. Abb. 62). Es gibt auch Quarzbändererze, in denen **Magnetit** (Tab. 4) überwiegt. Das deutet auf höhere Temperaturen während der Metamorphose hin, wobei Hämatit unter Sauerstoffabgabe in Magnetit umgewandelt wurde.

Gänzlich andere geologische Ursachen als die Regionalmetamorphose besitzt die *Kontaktmetamorphose.* Hier spielt die Aufheizung, die bis an die Temperaturen des intrudierten Magmenkörpers heranreicht, eine hervorragende Rolle, während eine mechanische Druckbeeinflussung in größeren Dimensionen fehlt. Lediglich die Feingefüge haben sich durch Mineralumwandlungen und Rekristallisation geändert. Größere Ausmaße erreicht die einfache Kontaktmetamorphose an Tiefengesteinskörpern, wo der Temperaturabfall mit der Entfernung vom Magmatit allmählich erfolgt. Dagegen sinkt die Temperatur am Rande eines oberflächennahen Vulkangesteins auf einer kurzen Erstreckung im Meterbereich bis auf niedrige Werte ab.

Die Intrusionskörper von Tiefengesteinen, z. B. Granit- und Gabbromassive, sind in der Regel von einem inneren Kontakthof aus splittrigem, feinkörnigem **Hornfels,** dem sogenannten Hornfelsmantel, umgeben. Dafür lieferten verbreitete Sedimentgesteine mit sandig-toniger Zusammensetzung das Ausgangsmaterial. Waren dagegen reine Karbonatgesteine vorhanden, so bildeten sich kontaktmetamorphe **Marmore.** Besonders interessant werden die Mineralbildungen, wenn das Ausgangsgestein Karbonate, Quarzsand und eventuell die Tonkomponente zusammen enthält.

Daraus entstehen als neue Minerale die sogenannten „Kalksilikate“, z. B. **Wollastonit,** der calciumreiche Granat **Grossular, Vesuvian, Epidot** und **Skapolith** (alle Tab. 11, II). Das Kontaktgestein ist dann ein **Kalksilikatfels** oder **Silikatmarmor.** Uns interessieren die kontaktmetamorphen Gesteine und ihre typischen Minerale, da wir mit ihrer Hilfe die gleichzeitig gebildeten Erzlagerstätten besser verstehen können.

Es kommt durchaus vor, daß der sedimentäre Schichtverband gerade im Kontaktbereich geeignete Mineralanreicherungen bzw. bereits Erzlager enthielt, die zu besonderen kontaktmetamorphen Lagerstätten wurden. Beispiele sind *Brauneisenerzlager* oder schichtige *Roteisensteinlager,* die durch die hohen Temperaturen zu **Magnetiterzvorkommen** umgewandelt wurden. Entsprechend ergaben *Bauxite* und ähnliche, eisenoxidreiche Bildungen der Verwitterungszone, also *Laterite,* ein dunkles Mineralgemenge aus **Korund** (Tab. 5, VI), **Spinell** (Tab. 11, I), **Magnetit** und **Andalusit** (Tab. 5, VI). Wegen der hohen Härte der beiden ersten Minerale wird dieser **Smirgel** zu Schleif- und Polierzwecken verwendet.

Zum Schluß wollen wir uns noch einer Gruppe von Lagerstätten zuwenden, die nach einem schwedischen Bergmannsausdruck als **Skarnlagerstätten** bezeichnet werden. Dabei bedeutet **Skarn** im engeren Sinne ein silikatisches Gestein, das wie Kalksilikatfels am Kalkkontakt entstanden ist, aber zusätzlich Eisen zugeführt bekam. Als typische Minerale zeugen der Kalkeisenpyroxen **Hedenbergit** und der Kalkeisengranat **Andradit** (beide Tab. 11, III) von einer solchen Entstehung. Allerdings muß bemerkt werden, daß bei geeigneten Druck-Temperaturbedingungen und Anwesenheit der benötigten chemischen Komponenten auch im Bereich der Regionalmetamorphose Mineralparagenesen auftreten können, die Übereinstimmungen mit echten Skarnlagerstätten zeigen. In den Ausgangsgesteinen waren dann Karbonate und Schwermetallanreicherungen ursprünglich vorhanden, während bei den Kontaktlagerstätten, die uns jetzt interessieren, das magmatische Gestein als Erzbringer fungierte.

Durch eine besonders hohe Fähigkeit, in das Nebengestein einzudringen, zeichnete sich gerade die gasförmige *pneumatolytische Phase* aus, die wir im Zusammenhang mit der magmatischen Abfolge nur kurz gestreift hatten. Jetzt erhält sie ganz besondere Bedeutung unter dem Gesichtspunkt der Lagerstättenbildung am Nebengesteinskontakt, wobei vor allem die benachbarten Karbonatgesteine in die chemischen Reaktionen eingreifen. Woraus besteht nun eigentlich die pneumatolytische Gasphase außer dem Hauptbestandteil *Wasserdampf?* Da wären zunächst die als Säuren wirkenden Gase *Chlorwasserstoff,* HCl, *Fluorwasserstoff,* HF, *Schwefelwasserstoff,* H_2S, und *Kohlendioxid,* CO_2, zu nennen. Bei einer solchen Zusammensetzung ist leicht einzusehen, daß die pneumatolytische Phase eine sehr aggressive Substanz ist, die das Nebengestein stark angreifen und zersetzen wird. In bezug auf die Erzbildung ist entscheidend, daß eine Reihe von Schwermetallen in der Form von Chloriden, einige wenige als Oxide oder Oxidhydrate leichtflüchtig sind und in der Gasphase transportiert werden. Es handelt sich in erster Linie um *Eisen, Mangan, Zink, Blei, Kupfer, Zinn, Molybdän* und *Wolfram.* Die Erzmetalle werden von Aluminium und Silizium begleitet, die als Aluminiumchlorid bzw. Siliziumfluorid vorliegen.

Wenden wir uns wieder dem Prototyp der Skarnlagerstätten, den **Skarn-Eisenerzen** zu! Deren Haupterzminerale sind die Oxidminerale **Magnetit** und **Hämatit** (beide Tab. 4). Sie lassen sich aus den Komponenten der fluiden Phase allein entstanden denken, indem die Eisenchloride mit Wasser reagierten.

$$2\,FeCl_3 + 3\,H_2O \rightleftharpoons \underset{\text{Hämatit}}{Fe_2O_3} + 6\,HCl$$

$$6\,FeCl_3 + 9\,H_2O \rightleftharpoons \underset{\text{Magnetit}}{2\,Fe_3O_4} + 18\,HCl + \tfrac{1}{2}\,O_2$$

oder $$3\,FeCl_2 + 3\,H_2O + \tfrac{1}{2}\,O_2 \rightleftharpoons \underset{\text{Magnetit}}{Fe_3O_4} + 6\,HCl$$

Wenn noch Siliziumfluorid an den Reaktionen teilnimmt, bildet sich das eisenreiche Endglied des Olivins, der **Fayalit** (Tab. 11, III). Meist enthalten die Skarnerze auch Sulfidminerale. Also kommt auch die Schwefelwasserstoff-Komponente des pneumatolytischen Gasgemisches ins Spiel. Je nach den Oxidationsbedingungen werden von Eisen die Sulfide **Pyrit** oder **Magnetkies** gebildet. Bei all diesen Reaktionen wird Chlorwasserstoff frei, der mit Wasser eine starke Säure ergibt. Dieses Reaktionsprodukt kann jedoch durch Karbonatminerale abgefangen werden, wobei Kohlensäure freigesetzt wird.

$$2\,HCl + \underset{\text{Calcit}}{CaCO_3} \rightleftharpoons CaCl_2 + H_2O + CO_2$$

Darin zeigt sich bereits die große Bedeutung von Karbonatgesteinen am Kontakt. Sie fangen die Säuren weg, die bei der Erzmineralbildung als Nebenprodukt entstehen, und ermöglichen so den weiteren Ablauf der chemischen Umsetzungen. Bei hohen Temperaturen wird die Karbonat-Komponente in die Bildung von Kalksilikaten und Skarnmineralen einbezogen. Außer **Andradit** und **Hedenbergit** rechnen

Abb. 63. Probe vom Erzberg bei Eisenerz, Steiermark. Das Erzmineral ist Siderit (dunkel). Er stellt das eisenreichste Karbonat dar, das sich bei der Zufuhr eisenhaltiger Lösungen unter Verdrängung von Calcit und Dolomit gebildet hat. Daneben zeigt das Bild etwas helleren Ankerit, bei dem die Spaltbarkeit und ein damit verbundenes spätiges Aussehen gerade gut in Erscheinung tritt. Das weiße Mineral ist Quarz.

hierzu **Ilvait** und die Hornblende **Aktinolith** (alle Tab. 11, III). Im weiteren Geschehen, wenn inzwischen die fluide Phase soweit abgekühlt wurde, daß sie zu einer hydrothermalen Lösung kondensierte, gehen einige mitgeführte Schwermetallkationen, z. B. auch die Fe^{++}-Ionen, Verdrängungsreaktionen mit den vorliegenden Karbonatmineralen Calcit und Dolomit ein. Dadurch werden karbonatische Erzminerale wie **Siderit** (Tab. 6, I) gebildet, die gelegentlich in abbauwürdigen Verdrängungslagerstätten vorkommen (s. Abb. 63).

Da die Elemente Eisen und Mangan geochemisch immer wieder nahe Verwandtschaft zeigen, wundert es uns nicht, wenn es einen dem Eisenskarn analogen **Manganskarn** gibt. Hauptsächliche Erzminerale sind das Mangansilikat **Braunit** (Tab. 7, IV) und verschiedene Manganoxidminerale wie **Hausmannit, Jakobsit, Vredenburgit** und **Bixbyit** (siehe Tab. 11, III). Als Begleitminerale werden typische manganhaltige Skarnminerale gefunden: die Granate **Spessartin** und **Manganandradit, Manganpyroxene,** die Hornblenden **Dannemorit** und **Richterit,** die Olivine **Tephroit** und **Knebelit,** das Epidotmineral **Piemontit** sowie der **Rhodonit** (siehe Tab. 11, III). Als kühlere Bildung entsteht der Manganspat **Rhodochrosit** (Tab. 7, V), häufig durch Verdrängung von Calciumkarbonaten.

Von den erwähnten Manganmineralen sind Piemontit, Rhodonit und Rhodochrosit wegen ihrer hell- oder dunkelroten Farben auffällig. Der Mineralreichtum der Skarnlagerstätten wird vielleicht manchen zunächst erschrecken. Andererseits findet der fortgeschrittene Sammler z. B. bei den metamorphen Manganvererzungen ein interessantes Betätigungsfeld. So erwies sich die Manganlagerstätte Laangban in Mittelschweden besonders ergiebig: in ihr wurden über 400 Minerale gefunden. Wegen ihrer vielen, z. T. äußerst seltenen Minerale ebenfalls berühmt sind die metamorphen **Zink-Mangan-Lagerstätten** von Franklin (New Jersey). Die Hauptminerale sind der schwarze **Franklinit,** $ZnFe_2O_4$ (Tab. 11, III), der farblose oder verschieden gefärbte **Willenit,** $Zn_2[SiO_4]$ (ebenfalls Tab. 11, III), und als Begleitmineral weißer Kalkspat.

Dazu kommt etwas **Zinkit,** ZnO (Tab. 11, III), der aufgrund seiner roten Farbe auch den Namen **Rotzinkerz** trägt (Farbtaf. IV, Bild 3, Seite 100). In dem so zusammengesetzten und dabei grobkörnigen Erz kontrastieren die Mineralfarben so deutlich gegeneinander, daß es schlechthin Schwarz-Weiß-Rot-Erz genannt wird. Bei gewöhnlicher Betrachtung mag der Willemit etwas unscheinbar erscheinen, doch läßt er sich mit einer UV-Lampe leicht „zum Leben erwecken". Bei Bestrahlung mit ultraviolettem Licht fluoresziert er nämlich intensiv grünlichgelb.

Viel verbreiteter als hochtemperierte metamorphe Zinkmineralisationen sind **sulfidische Verdrängungslagerstätten** am Kalkkontakt mit **Zinkblende** als Erzmineral. Unter gleichen, meist hydrothermalen Bedingungen wird Blei als **Bleiglanz** abgeschieden.

In den Skarnerzen kann auch mit Kupfermineralisationen gerechnet werden. Bei höheren Temperaturen entstehen hauptsächlich die Kupfer-Eisensulfide **Kupferkies** (Tab. 4) und **Bornit (Buntkupferkies)** (Tab. 7, I). Selbstverständlich können in späteren Stadien weitere Kupferminerale, die wir aus den hydrothermalen Vererzungen kennen, hinzukommen. In vielen Fällen wird sich die Anwesenheit von Kupfer sogar am ehesten durch die starkfarbigen Sekundärminerale Malachit und Azurit (beide Tab. 8, III) verraten.

Schließlich dürfen wir im Hinblick auf metamorphe Lagerstätten nicht die Elemente Zinn, Molybdän und Wolfram vergessen. Wir hatten erfahren, daß sie im pegmatitischen Bereich beginnen, Erzminerale zu bilden. Der eigentliche Höhepunkt liegt jedoch im pneumatolytischen Stadium der magmatischen Abfolge. Dabei bleiben **Zinnstein** und **Molybdänglanz** (beide Tab. 5, V) weiterhin die bestimmenden Ausscheidungsprodukte ihrer Metalle. Auch **Wolframit** (Tab. 5, V) wird aus der pneumatolytischen Gasphase erzeugt. Hinzu kommt allerdings noch ein weiteres Wolframmineral, das aus der Reaktion mit karbonatischem Nebengestein hervorgeht. Es handelt sich um das Calciumwolframat **Scheelit** (Tab. 11, III), ein unscheinbares weißliches oder verschieden gefärbtes Mineral, das leicht zu übersehen ist (Abb. 64). Man kann ihm aber leicht mit Hilfe einer UV-Lampe auf die Spur kommen. Reiner Scheelit fluoresziert hellbläulich; durch Molybdängehalte werden gelbliche Fluoreszenzfarben erzeugt. Wenn auch der Scheelit nicht besonders widerstandsfähig ist, so läßt er sich doch aufgrund seiner hohen Dichte als Schwermineral aus den Bach- und Flußsedimenten auswaschen. Im *Schlich,* d. h. in der Schwermineralfraktion, läßt er sich dann aufgrund seiner Fluoreszenzeigenschaft sichtbar machen. Auf diese Weise wird auf scheelithaltige Wolframlagerstätten prospektiert. Wir hatten den Scheelit als typisches Mineral von Vererzungen am Karbonatkontakt vorgestellt. Doch es muß noch hinzugefügt werden, daß er sich ebenfalls unter regionalmetamorphen Verhältnissen bildet, wenn ein Angebot an Karbonaten vorliegt. Ein Typ der metamorphen Wolframlagerstätten zeichnet sich durch Schichtgebundenheit aus und wird sogar als sedimentär angelegte Anreicherung angesehen.

Tabelle 11: Minerale des metamorphen Bildungsbereichs

I. Gesteins- und rohstoffbildende Minerale.

Serpentin: Siehe Tab. 3.

Chrysotil (Faserserpentin): Als Serpentinasbest parallelfaserig, *seidenglänzend* quer zum Faserbruch, gelblich, bräunlich oder grünlich gefärbt; die Fasern sind *gut biegsam;* das Mineral wird *von Säuren leicht zersetzt.*

Antigorit (Blätterserpentin): Hellgrün bis schwärzlichgrün; mit dem Messer ritzbar; blättrig-schuppig oder als **edler,** im Kunsthandwerk gebrauchter **Serpentin** *dicht* mit muscheligem, splittrigem Bruch.

Gemeine Hornblende (Amphibol), $(Ca,Na,K)_{2-3}(Mg,Fe^{II},Fe^{III},Al)_5[(OH,F)_2|(Si,Al)_2Si_6O_{22}]$: Grünlich, bräunlich oder schwarz; *vollkommene Spaltbarkeit;* mit Stahl schwer oder nicht ritzbar; körnig oder *stengelig säulig* mit *rhombischem Kristallquerschnitt.*

Die folgenden vier Hornblendeminerale liefern in feinfaseriger Ausbildung Hornblendeasbeste:

Krokydolith (faseriger **Riebeckit**), $Na_2Fe^{II}_3Fe^{III}_2[(OH,F)|Si_4O_{11}]_2$: *Bläulich* und *gut biegsam.*

Tremolit, $Ca_2Mg_5[(OH,F)|Si_4O_{11}]_2$: Weiß, *grau* oder lichtgrün; als Tremolitasbest *etwas spröde* und *nicht so gut biegsam; säurebeständig.*

Aktinolith, $Ca_2(Mg,Fe^{II})_5[(OH,F)|Si_4P_{11}]_2$: Aktinolithasbest ist dem Tremolitasbest sehr ähnlich.

Abb. 64. Wolframerz von Yxsjoberg, Schweden. Das helle Mineral ist das Erzmineral Scheelit. Die Probe enthält daneben das Skarnmineral Hedenbergit (dunkel, grobspätig).

Amosit (asbestartige Varietät aus der **Cummingtonit**-Reihe), $(Mg,Fe)_7[OH|Si_4O_{11}]_2$: Gelblichgrau oder -braun; *fein- und langfaserig; säurebeständig.*

Talk: Siehe Tab. 3.

Graphit, Granat, Korund, Disthen, Sillimanit, Andalusit und **Dumortierit:** Siehe Tab. 5, VI.

Spinell, Al_2MgO_4: Kommt in vielen Farben vor; *sehr hart;* bildet gern *idiomorph ausgebildete Kristalle* des kubischen Systems, z. B. Oktaeder (Abb. 26 b, Seite 53) und Rhombendodekaeder (Abb. 26 c, Seite 53). Als klare und reinfarbige Schmucksteine werden folgende Varietäten unterschieden: **Rubinspinell** (rot, rubirot), **roter edler Spinell** (blaß-, gelblich- oder bläulichrot), **blauer Spinell** (blau), **Chlorospinell** (grün).

II. Kalksilikate

Wollastonit, $CaSiO_3$: *Weiß, grau,* gelblich, rötlich oder grünlich, durchscheinend; *in Faseraggregaten Seidenglanz;* vollkommene Spaltbarkeit vorhanden; mit Stahl *ritzbar;* körnig, blättrig, stengelig oder faserig; Rohstoff für die keramische bzw. Hochfeuerfest-Industrie.

Grossular, ein Mineral der **Granat**-Gruppe, $Ca_3Al_2[SiO_4]_3$: *Grünlichweiß, grünlichgrau; muscheliger Bruch; hart;* typisch sind Kristalle mit *rundlicher Granatform* (Abb. 26, Seite 53).

Vesuvian, $Ca_{10}(Mg,Fe)_2Al_4[(OH)_4|(SiO_4)_5|(Si_2O_7)_2]$: *Grün* bis *braun;* Bruch uneben, splittrig; *hart;* ähnlich sind sowohl Grossular als auch die Epidot-Minerale, wobei Vesuvian durch eine *längsachsenparallele Streifung* gekennzeichnet ist.

Minerale der **Epidot**-Gruppe, $Ca_2(Fe^{III},Al)Al_2[O|OH|SiO_4|Si_2O_7]$: *Pistaziengrün* bis *schwärzlichgrün; hart;* körnig bis dicht oder in stengeligen Kristallen.

Skapolith, $(Ca,Na)_8[(CO_3)_2,Cl_2)|(Al(Al,Si)Si_2O_8)_6]$: Feldspatähnlich, weißgrau, schmutziggrün oder andersfarbig, trübe porzellanartig oder glasig durchscheinend; *vollkommene Spaltbarkeit;* mit dem Stahlnagel schwer oder nicht ritzbar.

III. Skarnminerale sowie Erzminerale der Elemente Eisen, Mangan, Zink und Wolfram.

Hämatit, Fe_2O_3: *Schwarz;* grauer Metallglanz; *roter Strich;* hart; körnig, blättrig bis feinschuppig.

Magnetit: Siehe Tab. 4.

Andradit (Kalkeisengranat), $Ca_3Fe_2^{III}[SiO_4]_3$: *Braun* bis *schwarz; muscheliger Bruch; hart;* gut ausgebildete Kristalle zeigen *rundliche Granatform* (Abb. 26, Seite 53).

Hedenbergit, $CaFe[Si_2O_6]$, gehört zu den Pyroxenen: *grünlich* bis schwarz; mit dem Stahlnagel schwer oder nicht ritzbar; stengelig, strahlig oder spätig bis dicht.

Aktinolith, $Ca_2(Mg,Fe^{II})_5[(OH,F)|Si_4O_{11}]_2$, ein Hornblendemineral: *Graugrün* bis dunkelgrün; *vollkommene Spaltbarkeit;* mit dem Stahlnagel schwer oder nicht ritzbar; *stengelig, strahlig* oder *faserig.*

Ilvait, $CaFe_2^{II}Fe^{III}[OH|O|Si_2O_7]$: *Schwarz;* meist *halbmetallisch fettglänzend; Strich dunkelgrün* bis grünlichschwarz; mit dem Stahlnagel schwer oder nicht ritzbar.

Fayalit, $Fe_2[SiO_4]$, ein Endglied der Olivin-Reihe: Gelb, *olivgrün* bis schwarz; *verwittert braunrot mit metallischem Schimmer; hart.*

Braunit und **Hausmannit:** Siehe Tab. 7, IV.

Jakobsit, Fe_2MnO_4: *Eisenschwarz* mit unvollkommenem Metallglanz; *Strich rötlichschwarz;* mit dem Stahlnagel nicht oder schwer ritzbar; schwach oder deutlich *magnetisch.*

Vredenburgit, $(Mn,Fe)_3O_4$: Hochtemperaturmineral, das gewöhnlich in Jakobsit und Hausmannit entmischt ist.

Bixbyit, $(Mn,Fe)_2O_3$: *Schwarz* mit bronzefarbenem Schimmer; halbmetallischer Glanz; *Strich schwarz* und dabei *nach rötlichbraun* neigend; *hart; unmagnetisch.*

Spessartin. $Mn_3Al_2[SiO_4]_3$, aus der **Granat**-Gruppe: *Bräunlich,* braunrot oder gelblich; *muscheliger Bruch; hart; rundliche Granatform* (Abb. 26, Seite 53).

Es folgen zwei manganhaltige Hornblenden:

Dannemorit, $(Mn, Mg, Fe)_7[OH|Si_4O_{11}]_2$: Farblos bis *braun;* strahlig, faserig, *asbestartig.*

Richterit, $(K,Na,Ca)_3(Mg,Fe^{II},Mn,Fe^{III},Al)_5[(OH,F)|Si_4O_{11}]_2$: *Lichtbraun* bis sattgelb; strahlig, faserig, *asbestartig.*

Die beiden folgenden Minerale gehören in die Olivin-Reihe:

Tephroit, $Mn_2[SiO_4]$: *Bräunlichgrau bis fleischrot;* fettartiger Diamantglanz; mit dem Stahlnagel schwer oder nicht ritzbar; meist in derben Aggregaten.

Knebelit, $(Mn,Fe)_2[SiO_4]$: *Grauschwarz; wachsartiger Glanz;* mit dem Stahlnagel *nicht ritzbar;* kommt in breitstengeligen Aggregaten vor.

Rhodonit, $Mn_5[Si_5O_{15}]$: *Hell- bis dunkelrot,* häufig schwarzfleckig und -geädert; *hart.*

Piemontit, $Ca_2(Mn^{III},Fe^{III})Al_2[O|OH|SiO_4|Si_2O_7]$, ein Mineral der Epidot-Gruppe: *Braunrot* bis schwarz, *Strich dunkelrot;* muscheliger Bruch; *hart;* feinkörnig, strahlig oder dicht.

Franklinit, $ZnFe_2O_4$: *Eisenschwarz* mit unvollkommenem Metallglanz; *dunkelbrauner bis rotbrauner Strich;* muscheliger Bruch; mit dem Stahlnagel schwer oder nicht ritzbar.

Zinkit, ZnO: Durch Mangan *rot* bis braunrot gefärbt; diamantartiger bis halbmetallischer Glanz; *vollkommene Spaltbarkeit;* mit dem Stahlnagel *ritzbar;* meist in körnig, spätigen Kristallen.

Willemit, $Zn_2[SiO_4]$: Farblos oder beliebig gefärbt, oft grüngelb; muscheliger Bruch; mit dem Stahlnagel schwer oder nicht ritzbar; starke *grünlichgelbe Fluoreszenz im UV-Licht.*

Scheelit, $Ca[WO_4]$: Weißlich, grau, gelb, braun bis schwarz; muscheliger, uneben splittriger Bruch; mit dem Stahlnagel *ritzbar; reiner Scheelit fluoresziert im UV-Licht hellbläulich. Bei molybdänhaltigen Scheeliten ist die Fluoreszenzfarbe gelblich.*

Literaturhinweise

BENTZ, A., MARTINI, H. J. (Herausgeber): Lehrbuch der Angewandten Geologie. Bd. II: Geowissenschaftliche Methoden. Teil 1: Methoden zur Erforschung der Lagerstätten von Erzen, Kohle, Erdöl, Salzen, Industrie-Mineralien und Steinen und Erden. Stuttgart 1968

BORCHERT, H.: Ozeane Salzlagerstätten. Berlin 1959

CISSARZ, A.: Einführung in die allgemeine und systematische Lagerstättenlehre. 2. Aufl., Stuttgart 1965

FÜCHTBAUER, H., MÜLLER, G.: Sedimente und Sedimentgesteine. Teil II der Sedimentpetrologie. Stuttgart 1970

HEGI, G.: Illustrierte Flora von Mitteleuropa. München ab 1926

KLEBER, W.: Einführung in die Kristallographie. Berlin 1961

MACHATSCHKI, F.: Spezielle Mineralogie auf geochemischer Grundlage. Wien 1953

PAPE, H.: Der Gesteinssammler. 3. Aufl., Stuttgart 1978

PAPE, H.: Leitfaden zur Gesteinsbestimmung. 3. Aufl., Stuttgart 1975

PAPE, H.: Leitfaden zur Bestimmung von Erzen und mineralischen Rohstoffen. Stuttgart 1977

PHILIPSBORN, H. von: Tafeln zum Bestimmen von Mineralen nach äußeren Kennzeichen. 2. Aufl., Stuttgart 1967

RAMDOHR, P.: Die Erzmineralien und ihre Verwachsungen. 4. Aufl., Berlin 1975

RAMDOHR, P., STRUNZ, H.: Klockmanns Lehrbuch der Mineralogie. 16. Aufl., Stuttgart 1978

ROTHMALER, W.: Exkursionsflora. Berlin 1967, 1968, 1970

RÖSLER, H. J., LANGE, H.: Geochemische Tabellen. 2. Aufl., Stuttgart 1976

SCHNEIDERHÖHN, H.: Die Erzlagerstätten der Erde. Bd. I: Die Erzlagerstätten der Frühkristallisation. Stuttgart 1958. Bd. II: Die Pegmatite. Stuttgart 1961

SCHNEIDERHÖHN, H.: Erzlagerstätten, Kurzvorlesungen zur Einführung und Wiederholung. 4. Aufl., Stuttgart 1962

SCHÖNENBERG, R.: Einführung in die Geologie Europas. Freiburg 1971

STOČES, B.: Wahl und Beurteilung von Abbauverfahren im Bergbau. Stuttgart 1958

STRUNZ, H.: Mineralogische Tabellen. 5. Aufl., Leipzig 1970

Sachregister

Fettgedruckte Seitenzahlen weisen gleichzeitig auf Abbildungen hin.